建 筑 理 论 · 设 计 译 丛

生态住宅·生态建筑的设计方法与实例

[日] 坂本雄三　柳原隆司　前真之　编

胡连荣　译

中国建筑工业出版社

编　委　会

【编者】

坂本　雄三（东京大学研究生院）前言、序言

柳原　隆司（东京大学研究生院）前言

前　　真之（东京大学研究生院）第1编3.7～3.10

【执笔者】（以日语发音为序）

赤岭　嘉彦（独立行政法人建筑研究所）第1编1章，第1编2.1～2.5，第1编4.5

井口　直巳（井口直巳建筑设计事务所）第1编事例研究3

一ノ濑雅之（首都大学东京）第2编1章，第2编3章

伊藤　正利（伊藤·建筑·工作室有限公司）第1编事例研究5

冈　　敦郎（株式会社森村设计）第2编2.3.5

金田一清香　第2编6.2

上谷　胜洋（东洋热工业株式会社）第2编2.3.4

河野　匡志（东京电力株式会社）第2编2.1、2.2，第2编5章

栗山　知广（株式会社日建设计综合研究所）第2编6.1

合田　和泰（株式会社苍设备设计）第2编4.1

河野　良坪（大阪工业大学）第1编2.6，第1编3.1～3.4

佐藤　孝辅（株式会社日建设计）第2编4.2

高濑　幸造（东京大学研究生院）第1编事例研究1，第1编1章，第1编3.5、3.6、3.11，第1编4章

寺尾　信子（株式会社寺尾三上建筑事务所）第1编事例研究4

中川　　纯（LEVI设计室）第1编事例研究2

山本　一久（东京大学研究生院）第2编6.3

汤泽　秀树（株式会社日建设计综合研究所）第2编2.3.1～2.3.3

前　言

　　20世纪后半叶以来，全球变暖问题越发为世界各国所瞩目，并呈现出一种政治倾向。本来日本就是对能源、环境等问题格外敏感的民族，所以，对于这一问题产官学（类似国内的产·学·研）各界已经开始行动起来。在各种行动中，由东京电力株式会社赞助的"建筑环境能源规划学·公益讲座"，于2004年10月在东京大学研究生院工学系研究科创办。创办目的在于，从上游到下游关注能源，开展对建筑节能及CO_2减排的研究。该讲座由建筑学专业的环境系组负责运营，已相继举办两次，一直持续到2011年10月。讲座的研究成果在每年一次的公开研讨会、学会上发表。本书就是把"建筑环境能源规划学·公益讲座"上收集到的研究成果汇编而成。

　　众所周知，福岛核电站事故之后，日本的能源需求正面临一场大变革。就建筑相关部分而言，不仅是节能及CO_2减排，节电和压峰也被列入目标，也面临着本讲座所一再关注的"从上游到下游抓住节能及CO_2减排"这一状况。在建筑能源应用领域，今后也必须认真思考能源供应方面的状况。

　　建筑与能源之间有一种很复杂的因果关系，相关部门交错于各领域，因此，再怎么高呼节能减排，实际情况也很难如愿进展。尽管如此，如果在东京大学这一日本人极为关注的地方，切实地积累研究成果，传播这些信息，那么在改变世界的进程中就不会迷失方向。本书若能成为这一信息传播的有效手段，实为荣幸。

　　最后，向参与本讲座的创办及其研究活动的各位表示由衷的感谢！

坂本雄三

2012年3月

目　　录

引言：全球变暖对策是世界性课题

1. 全球变暖问题从自然科学到政治经济上的应对

众所周知，提到地球环境会涌现出各种各样的问题（比如，地球与大都市的变暖、臭氧层破坏、酸雨、土地沙化、森林减少、海洋污染、对生物多样性的影响等）。地球上爆炸式的人口增长与资源消耗的剧增导致全球规模的环境恶化，敲响了人类走向灭亡的警钟，早在20世纪70年代，罗马俱乐部出版的《成长的界限》里，警钟就已经敲响。

环境问题中如何从根本上解决全球变暖，堪称最大的难题。对于与全球变暖相关的数据等要仰仗这方面的专业书籍[1]，而地球的地表温度自20世纪中叶开始急剧上升。20世纪80年代，人们普遍认为温度上升的主要原因是大气中人类持续排放的CO_2等造成的温室效应，而科学家通过观测数据的收集及模拟实验总结出了核心问题，如果其论点正确，那么全球变暖就是与现代文明伴生的慢性病症状，为了切断病根，必须大幅压缩现代人对能源、资源的过度消耗。终于，IPCC（有关气候变化的政府间协议）在2007年的第4次评价报告中断定"因人类使用矿物燃料导致的温室气体的增多是全球变暖的主因，仅凭自然原因无法解释全球变暖的形成。"作为科学领域的全球变暖问题自此有了明确结论。

另一方面，部分媒体也出现了全球变暖的怀疑论，主要以业内已退出研究第一线的老一辈学者为主，而且处于非自身专业的领域，多出于"顾问"角度的观点，其研究论文在科学上有多大价值非常值得怀疑[2]。当然，不难想象温室气体的大量排放造成全球变暖这一说法也未必无懈可击，今后这方面的科学研究还要继续下去，但是，社会发展的趋势是不会坐等科研结果给出结论的。2008年的"雷曼兄弟破产"以来，时代的转换正如下述，全球变暖问题开始从政治经济范畴去应对。

2. 日本的温室气体排放与京都议定书

温室气体除CO_2之外，还有甲烷气体、卤化碳气体等，考虑这些气体的排放量和变暖系数（GWS），从日本来看，随着矿物燃料消耗的增多，碳排放所占比例已接近90%。这当中的电力部分有核电和水力发电等无CO_2排放的电力，在CO_2排放上还有与能耗无关的排放，但是，认为温室气体排放主要来自于能源消耗并不过分。能源消耗大致可分为：

　　①工厂等生产产品的能耗（产业部门的能耗）；

　　②汽车等交通工具的能耗（运输部门的能耗）；

　　③空调、照明等用于建筑物的能耗（民生部门的能耗）。

这样三种部门的能耗。**图1**为1990年以来日本国内每年的CO_2排放情况及各部门的明细。从1994年开始，每年的排放量持续比1990年增长约10%。**图2**以1990年的排放量为原点，表示各部门每年排放的增长率。从中可见，构成民生部门的家庭和办公两者增长率较高，由此可推断，1990年以后日本的CO_2排放量之所以未见减少，原因就在这里。若问及家庭能耗与办公这两方面，为什么增长率居高不下，可以说就在于家庭户数的增多和写字楼建筑面积的增长。

以上，推断了日本CO_2排放量难以减少的原因，而制定减排对策还需要详细数据。

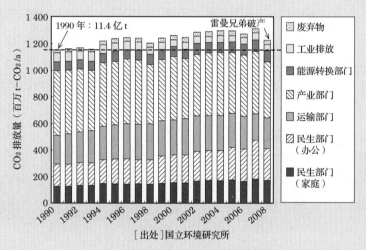

图1　日本的CO_2排放量变化及其明细

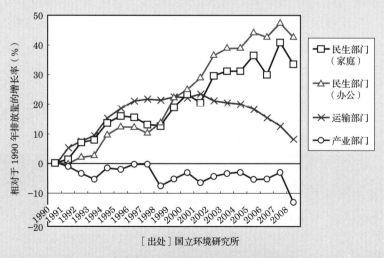

图2　1990年的CO_2排放量及不同部门的增长率

为此，粗略收集日本全国平均数据，**图3**、**图4**、**图5**列举了有关能耗分类统计数据，其中，**图3**是家庭能耗按用途的分类，**图4**是办公能耗按用途的分类，**图5**是写字楼能耗的用途分类。这里所使用的能耗指对"二次能源"的消耗量，是消费末端的能耗，电力方面的电耗可直接用J（焦耳）等换算成能源。这部分称为"一次能源"，其电力

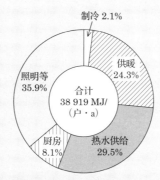

［出处］经济产业省 · 能源白皮书 2010

图3　家庭用二次能源消耗量（日本全国平均，2008年度）

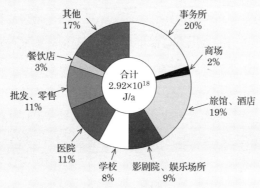

［出处］经济产业省 · 能源白皮书 2010

图4　全国商用建筑二次能源消耗量中的业务类别明细

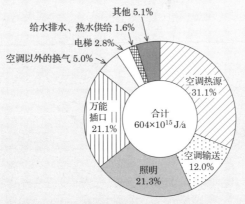

［出处］经济产业省 · 能源白皮书 2010

图5　写字楼二次能源消耗量中的用途类别明细

均按火力发电考虑（基于日本节能法的规定，水电与核电也被列为火力的范畴）。按火力发电的能效（36.8%）折算，仍按原矿物燃料所保有的热量（焦耳等）来表示。

1997年12月，在京都召开的防止全球变暖条约缔约国会议（简称COP3）上，规定了各国温室气体的减排目标，并以"京都议定书"的形式公诸于世。京都议定书于2005年成为国际条约，对条约加盟国形成约束力。按该条约要求，日本的减排目标是在2008～2012年这一期间计量，温室气体的排放量比1990年削减6%（即1990年排放量的94%）。为了达成该目标，日本进入21世纪以后推出了各种节能举措。但是，如**图1**所示，仅凭所谓"净水（国内发生的温室气体排放量的削减）"去达成目标连想都不用想，而是靠从海外收买排放指标等方法实现的。

再看世界上的全球变暖对策。京都议定书生效以后，由于美国的拒签等原因曾一度搁浅，但从2006年下半年开始，美国原副总统戈尔"不凑巧的事实"成为一个话题，他与IPCC共同荣获当年的诺贝尔和平奖和洞爷湖八国集团首脑会议的召开一时间成了很大的国际热点。接着，2008年发生"雷曼兄弟破产"，经济发展陷于停滞状态，美国奥巴马总统上任以"绿色能源新政"作为环境、节能对策，加大了政府预算的投入。受此影响，日本的温室化对策也做出了从"求助于国民"到"一种经济策略"的决定性转变。总之，日本在2008年的下半年，为了摆脱"雷曼兄弟破产"的羁绊，作为一项经济政策之一也以为温室化对策发放补助等形式列入政府预算。这种补助对住宅、家电、私家车的环境积分已达到最大规模；在住宅的环境积分上，2010年的预算额高达1 000亿日元，与此前在温室化对策上的投入相比，其补助及减税总额已经增长了一位数。这样日本政府还为民生部门的温室化对策正式投入预算，依此盯准节能和提升经济，达到一箭双雕的效果。不难想象，补助款终归要有所削减，直至最后停止，但节能对策在政府预算上的变化，在"雷曼兄弟破产"前后有很大差别，如今的全球变暖对策又出现了政治、经济课题这一层面。

另一方面，若把上述补助款等经济对策比作"胡萝卜"，那么相当于"大棒"的强制措施也在步步紧逼。比如，节能法的强化，2010年度以后，对总建筑面积在300㎡以上的建筑物，在项目核准时要履行提交节能计划书的义务。而东京都从2010年度起开始执行"CAP and TRADE"制度，对于能耗大户的1300家企事业单位规定了5年间完成8%的CO_2减排义务，如有违反，将采取罚款等措施。

3. 通往后京都议定书与低碳社会之路

京都议定书的规定期间终止之后，亦即"后京都议定书"的温室气体减排目标，在政府内部出现了种种议论。2020年之前的目标被称作"中期目标"，与1990年相比显著削减25%，不过，这一削减率中已包括森林的吸收和国际贡献部分，所谓全靠

"净水"又会怎样呢？尚未可知。以"净水"而论，有20%的削减率值得期待。可是，如图**2**所示，1990年以后，民生部门的排放量显著增多。所以，即使整体削减率在"净水"基础上达到20%，对民生部门也需要求更大的削减率，20%～30%或许比较合适。其实这也不过是针对1990年排放量的削减率，这一数值应改用更近的2007年排放量做比率计算，以便更接近现实。民生部门2007年的排放量是1990年的1.45倍，按这一思路，2007年排放量的削减率已高达45%～52%，到2020年如果人口能维持在目前水平，届时日常生活所需的人均能源就必须减到目前能耗的一半，而每个家庭的能耗也只及2000年水平的一半，仿佛回到了40年前的20世纪60年代。那个时代，电视机已普及，但空调和电冰箱尚未完全普及。虽然那时出现了节能技术和节能家电，可是以那个时代的能耗量确实能满足现在这种生活需要吗？

进一步又把2050年的目标称作"长期目标"，亦即按同比削减80%的极高目标的提案。真正完成接近80%的削减，而且是在不影响生活质量、经济增长的前提下，如果实现就进入"低碳社会"了。这样一种社会若能在世界上及早出现，无疑会受到举世敬重，不难想象，所谓的新环境产业也可以如愿面世了。这是我们一个美好的"梦"。

为了实现这个低碳社会，住宅及建筑要完成如下4个方面的工作：

①节能（建筑物的隔热及提高设备效率）；

②推广新能源（通过装设太阳能发电等可再生能源的利用）；

③建材与建筑施工中的CO_2减排（多采用木材、木质材料及其他建材的CO_2减排）；

④延长建筑物寿命（适宜的维护管理与改造，对后世的传承）。

其中，最重要的是①节能工作。②的开发能源很多方法都是在屋顶安装太阳能电池板，其设置面积再大也无法超过屋顶面积。因此，建筑物就可以与太阳能发电这一新能源同等的能量削减能耗，这在低碳社会的住宅中是十分必要的。

日本的住宅、建筑在目前基础上要达到多大程度的节能化才能实现低碳社会呢？就从ZEB（零·能耗·大厦）这一思路做个探讨吧。所谓ZEB，就是一种通过节能、太阳能电池板的设置等，可以把1年的能耗量与可再生能源的产能等同起来的建筑物[3]。

首先以2层独栋住宅为例，如图**3**的饼状图所示，家庭的平均二次能耗约39000 MJ/（户·a），这部分能耗如果全部使用电能可达10.8MWh/（户·a）。而利用太阳能发电时，如果在屋顶以尽可能大的面积安装5kW的电池板，东京周边就可望得到约5.8MWh/年的发电量，即自行负担能耗一多半的电量。所以，以独户住宅的节能率为基准，50%可以作为比较妥当的目标。这一目标如达成，就满足了ZEB所需的条件，这个50%节能率的目标也是前述"中期目标"，是日本必须举国完成的削减目标，同时也是一个关键数字。

其次，再看写字楼。以东京的建筑用地为例，如果水平屋顶全部铺装太阳能电池板，同样的研究结果ZEB的节能与新能源的平衡如图**6**所示。图表用法见图中的说明。当然，这里的一个前提是屋顶均装有太阳能电池板，总建筑面积的单位发电量（纵轴）1层的平房最大，层数越多单位发电量越小，2层以上建筑物的ZEB化，就其目前太阳能发电装置的效率（10%左右）而言，能耗量完全有可能削减到目前标准值的30%~60%，这一数值仅凭可接受的节能手段就可以稳妥实现。处于前述2层独户住宅的场合，节能50%也可以作为一个基准来掌握。可见，即便按当前的技术水平在低层建筑物上ZEB也可以得到肯定的结论。当前，已经从低层写字楼、政府机关、学校等能耗不是很大的建筑用途上开始起步了。但是对于高层建筑而言，还远远谈不到这一指标的完成，所以，仍在寻求适合高层建筑的低碳化评估指标。

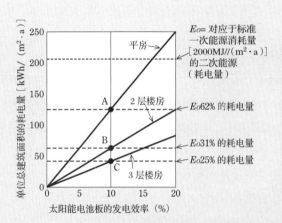

图6　设在屋顶的太阳能电池板发电效率与建筑物能耗量的关系（东京）

　　ZEB这类建筑物的增多，使得电力负荷小的晴天，一个配电网的太阳能发电量还能有剩余。把这些富余的太阳能发电量毫不浪费地分流下来，形成一种叫作日本版的"SMART GRID（新一代配电网）"[4]。为了将这些富余的电量不浪费地分配使用，可采取蓄热、蓄电方式。SMART GRID是今后节能与减排将面临的课题，经济产业省（相当于中国的部委）视其为"新一代能源社会系统"，已着手这方面的验证实验，可以说在实现"长期目标"亦即"低碳社会"的努力中，这是一门必修课。

　　本稿执笔期间的2011年3月11日，东北太平洋沿岸发生了地震，东日本遭受了一场空前灾难。其中深受海啸摧残的核电站所带来的放射性污染和节电要求，给地下资源匮乏的日本再次抛出了能源供求的一个重大课题。这里所说的节能、低碳社会，虽然与大地震并无直接关系，但是却表明民生部门在节能和新能源（太阳能发电）上有多大可能。就日本全国的能源需求而论，产业部门与交通部门都应该考虑，而对今后必须实现的住宅·建筑·城市·社会的启示作用也蕴含其中。

4. 低碳社会与大学的作用

　　上述有关迈向低碳社会的行动，大学需要在什么立场上采取行动呢？众所周知，当代研究生院校都肩负着教育与科研双重社会功能，为了发挥好这一功能，大学拥有众多的学生和教职员，作为大型事业单位，必然以大能耗维持其日常运转。比如，一个公认的事实就是，东京大学的本乡校区2006年度的CO_2排放量高达9万t，已构成东京都内事业性单位中最大的排放量。可见大学在节能及CO_2减排方面的研究也十分重要，而与此同时，校园自身的节能与减排的实践也同样重要。"因为是学校，所以能耗比民间企业小"这种思维已不再说得通了。即便为了从事研究，只要有节能及CO_2减排的可能也必须去实践，如今已经进入这样一个时代。当然，对于与研究没有直接关系的制冷、采暖以及照明等方面的能耗，要按照一般企事业单位那样做节能减排的努力。特别像本乡校区这样大量排放CO_2的事业单位，在日本全国都具有较大的影响力，因此，他们在节能减排方面的成果也是人们普遍关心的。

如前所述，大学以教学和科研为己任，对学生进行环境教育，对环境与能源展开研究都是分内事。但是，仅满足于此，岂不"灯塔（东大谐音）底下暗"。前面讲过，大学自身也在消耗相当多的能源，应该认识到其存在的本身就已是增加环境负荷的原因之一。为此，有关大学节能及CO_2减排方面的行动，就要将教学、科研、实践融为一体，希望三者之间相互影响，相互促进。另外，这些活动的参加者中，大学的全体组成人员自不必说，教职员、学生还应该在各自立场上参与相关活动。

2004年10月东京大学受东京电力株式会社捐助创办了建筑环境能源规划学讲座，本书正是在7年来的讲座活动及其成果的基础上得以付梓出版。

以下是该讲座每年举办的公开研讨会题目：
第1次公开研讨会（2005年2月）有关建筑节能的现状和课题；
第2次公开研讨会（2006年5月）建筑节能性能的把握与评估；
第3次公开研讨会（2007年9月）走向实效性节能；
第4次公开研讨会（2008年7月）住宅外墙性能的提高与热泵的有效使用；
第5次公开研讨会（2009年7月）以真正的节能及CO_2减排为目标；
第6次公开研讨会（2010年7月）向建筑可持续化的大学挑战。

正如这些课题所揭示的那样，讲座从有关建筑与住宅节能方面的研究及教学开讲了，但是，最后一讲（第6讲）已转入大学校园的节能化这一话题，起因为2008年的TSCP（东京大学可持续校园工程），该讲座主要以这期间参加的实践活动为契机。关于TSCP，这里不做具体说明，但通过工程的发起，本讲座也加入"实践"活动，活动整体有了很厚重的积淀，让人们觉得这是一项有意义的活动。正是这一活动的一路相随，让社会与民众看到，大学这种机构不能仅仅以单纯的教育、桌面上的研究而存在，或许还应该去引领社会的发展。通往低碳社会的道路才刚刚起步，大学里节能及CO_2减排活动的蓬勃开展，向全社会展现其应有的魅力，意义非凡。

【文　献】

1）環境省　編：環境白書（平成 9 年版〜平成 21 年版）
2）明日香壽川，河宮未知生，高橋潔，吉村純，江守正多，伊勢武史，増田耕一，野沢徹，川村賢二，山本政一郎：地球温暖化懐疑論批判，東京大学 IR3S/TIGS 叢書 No.1（2009）
3）経済産業省：ZEB の実現と展開に関する研究会　報告書（2009）
4）横山明彦：スマートグリッド，エネルギー新書（2010）

第 1 编　节能及 CO_2 减排住宅的设计与验证

1. HOUSE BB密集住宅区最大限度地享受"环境"[1]

图1　外观（摄于建筑物西北侧上方）（照片：铃木丰）

我们的"被动式"

　　密集住宅区是能最大限度地在享受"环境"中过日子的房子。由相邻住宅构筑起街区的氛围，屋顶举目远望是广阔的长野盆地的美丽山丘，和煦的暖风在阳光下吹拂，想把日新月异的密集住宅中丰富的"环境"构筑成让人们全身心去享受的"被动式"建筑。

　　但是，这里所说的"被动式"可不是直接接受原汁原味的大自然。建造可向公众随意开放的建筑物，虽然能眺望美丽景色，但处于室内热环境中就不那么惬意了，即便有风有阳光，可是处在该时间段之外仍令人不快，而且反射光和剥离风还会给周围人带来不便。

---

[1]　设计：川岛范久[1]+田中涉[1]+平岩良之[2]+高濑幸造[3]
　　（1. 日建设计；2. 佐佐木睦朗结构规划研究所；3. 东京大学前研究室）

为了建造能够享受真正意义上"环境"的建筑，设计就要与平断面规划、结构、外墙规格、自然能源系统、设备系统及装修这些项目同时推进。而与设计同时推进的还有通过环境模拟确认设计操作的效果，并根据反馈进行改进。竣工后到当前，室内热环境、能耗量也要随时监控，以便做出改善空调、热水设备使用的方案。我们所考虑的"被动式"是为了积极享受"环境"的工程学点子。

设计概要

供子女已自立门户的中年夫妇二人居住的住宅。住宅用地位于长野市由僻静的住宅区改建的长年居住的住房。周边有密集的2层独户住宅，北侧门前通道（宽4m）旁建有一座大型仓库，给1层的地坪造成压抑感，日照、景色都被阻隔，到3层的高度上才能望见窗外长野盆地的壮美河山。

这里把主要生活空间都集中到了二层，一层是以鸡腿式样架起的空间，三层设置的楼顶房屋立足于二层的屋顶（参照**图1**、**图2**、**图3**）。二层呈现口字形体量，中庭一侧设有很大的开口部，以便于同周围邻居之间沟通。较小的开口分散设置，屋顶、地

（a）摄于建筑物西北侧　　（b）餐厅·厨房　　（c）书房

图2　建筑物外观（照片：铃木丰）

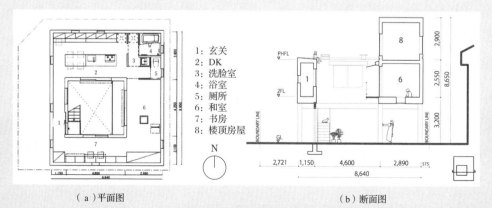

（a）平面图　　　　　　　　（b）断面图

图3　2层平面图与断面图

板也留有小开口，这样一来，处于密集街区也能有效获取日照、自然采光以及自然通风。

口字形体量由木质的门型框架托举，一层可以经口字形孔洞引入光照，形成不受墙阻隔的开阔空间，是远眺周围群山的清爽场所。

两种木结构的架构形式

这里的住宅都是木结构，为了迎合周围环境及入住方法，结果形成了单一住宅两种木结构形式共存的方式。1层为木质的门型框架托举的鸡腿式样方式，2层往上是以既有的主体结构为大型墙体的形式。

（1）用木结构构筑鸡腿样式

一层木质的门型框架比比皆是，沿XY方向按4个一组配置的门型框架，用结构胶合板把格子梁做成三明治式坚固地板，以此抵御水平力。与通常的钢筋、RC的鸡腿式样不同，它可以别出心裁地形成木质空间。实际呈现眼前的是猫的午睡和小学生避雨的场景。

（2）构筑"重型"木结构

木质的门型框架上面，通过梁柱、剪力墙形成的既有主体结构来承载口字形体量

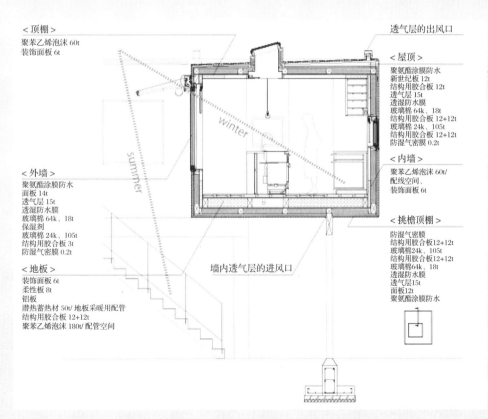

图4　断面详图

和楼顶房屋。口字形体量的墙壁、地板、顶棚是由木材、隔热材、蓄热材构成的致密的集合体。就重量而言，较"轻"的是木结构，对于外部温度变化反应缓慢的RC结构那种较"重"（热容量大）的住宅，在热性能上是争取的目标。可以达成这一"重"性能的就是能有效利用结构空间的厚度用于保温、PCM（潜热蓄热材：Phase Change Material）的地板供暖系统（**图4**）。

表面积过大在散热上是一个不利条件，不过若达到高效的保温性、高气密性，即使冬季也照样可以实现稳定舒适的温热环境，减轻人体负担。据东京大学2009年3月竣工时的实测结果，保温性能Q值为2.14W/（$m^2 \cdot K$），气密性能C值已变为1.5cm^2/m^2，用地所在的Ⅲ类区已为新一代节能标准所覆盖。

■ 可再生能源的利用

（1）日照遮挡装置与利用建筑物体量的日照控制

口字形生活空间的悬浮，即使处于密集住宅区，冬季的餐厅、厨房也仍然可以得到充足的日照。来自窗口的日照热量储存到地板下面及厨房短墙的潜热蓄热材中，日落后继续保持温度。中庭朝南和朝西的大开口部设有移动式遮蓬，春秋季和夏季用于遮挡日照，而西侧玄关其体量本身已具备为和室遮挡西晒的功能。

（2）不仅自己家，周围住户也可以实现空气流通的自然通风

设有比周围高出一头的楼顶房屋，一层形成无墙的鸡腿式样空间，面向中庭的窗口有风吹入，以确保口字形体量内的通风。设计阶段，在把握用地主风向（西风）的基础上，通过CFD模拟决定了开口部的位置（**图5**）。结果证实，二层靠中庭侧的大开口部可进风，变为负压的楼顶房屋的开口部（南、北、东的窗口）也可以进风。另外，主导风以外的风向也可以确保通风，口字外围也设有很多较小的开口，以供风的进出。以前密集住宅区内是无法通风的，而通过这种无墙的鸡腿式样空间，造就了周围住宅

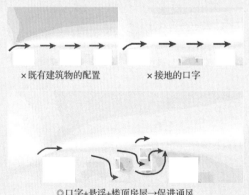

× 既有建筑物的配置　　× 接地的口字

◎ 口字+悬浮+楼顶房屋→促进通风

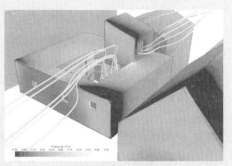

外墙的风压造型流线图

图5　通过CFD模拟通风的研究

都便于通风的环境。

■ 设备系统

制冷供暖以提高舒适性、追求节能化为目的，采用高效空调和热泵温水式地板供暖。地板供暖使用PCM，白天可储存窗口处获取的日照热，其他时间只需短时间的运转就可以有效发挥供暖作用。而热水供给则采用太阳能热水系统。

（1）为口字形空间均匀制冷的空调系统

空调的使用，考虑制冷负荷较小，按住宅整体负荷均衡起来的容量（额定的制冷功率为4kW）只设置一台，通过与置于储藏间的循环器并行运转，可沿着口字形平面迅速搅拌空调的冷气，均匀地为室内制冷。另外，借助中庭给人以立体的开阔感，顶棚高度的压低还可以避免明显的上下温差。

（2）可造就全天稳定热环境的节能型供暖系统

供暖为地板供暖和空调并用的方式，采用地板供暖的PCM，依各种位置对温度的不同要求设置可相应变化的温度带（**图6**）。厨房中庭位于可通过日照获取热量的阳面，这一侧上方沐浴在日照中，按23℃设置相变PCM，下方按32℃设置相变PCM。其他没有日照的地方通过温水热泵产生的热量，可设置更多的蓄热，上下都按32℃浮动的PCM。利用PCM潜热蓄热的效果，单位体积的热容量可增大到混凝土的10倍，其蓄热量足以冲抵

图6　利用PCM的地板供暖面板

冬季供暖的热负荷，即便处在严寒的冬季也可以实现全天稳定的室温变动。

温水热泵处在低热送水的适当负荷率运转时可达到较高的能效，所以，为了保证低热送水地板表面也有一定的温度，就要选择质地轻薄而导热率高的地板装修材（水泥板8mm+胶合板6mm）。

（3）太阳能热水供给装置

采用利用太阳能这种可再生能源的热水装置，可大幅减少热水供给的能耗。电池板面积3.8m^2（**图7**）、水箱容积200L的装置，适用于人口不多的家庭使用。为了减少热水管路的热损耗，可采用联管箱方式。而浴室可对整体浴室做外层保温处理，同时采用隔热浴盆以求热环境的改善。让浴盆保持水温恒定也可以降低能耗，减少淋浴的次数和使用时间也直接关系到热水供给负荷的削减。根据实测得知，冬季浴室保持不低于15℃，人就可避免热休克的危险。

图7　楼顶小屋的太阳能集热板

■ 运行验收及反馈

竣工后的实测，对于室内温湿度、地板下面蓄热材的温度、空调、热水器的能效等100多项内容，通过互联网对每天的数据进行监控，计算出全年的能耗量（二次能源），按两口之家考虑，与以往研究中的一般家庭相比有所减少（北方四口之家：63.6GJ/a，全国四口之家：55.8GJ/a，HOUSEBB：35.0GJ/a）。

在降低能耗上特别见效的是热水器，在全年热水供给的负荷中，来自太阳能集热板的热量占50%，其中夏季超过80%，而且减少了LPG的运行成本。

受不同使用者左右的能耗较大的供暖方面，在实测结果的基础上，设计者与居住者取得联系，尝试对设备机器运用方法进行改进。竣工之初为供暖季的2009年10月~2010年2月上旬，仅利用温水热泵的蓄热地板就可供暖，但遇到严寒冬季就不得不长时间消耗电能。另外，对热泵不利的40℃以上高温送水，就要面对一个能效问题。所以，就要把温水热泵回水温度的设定降至30℃，只在早晚运行，同时与空调并用。通过地板的低温水，空气温度就可以有效利用空调来提高，以保持室内的舒适性。与只用地板供暖的期间相比，供暖的能耗可减少一半。

就这样，竣工后对居住方法、能源消费做定量分析，通过居住者对所用建筑物的反馈，再继续尝试如何更节能地营造舒适生活。

2. GPL之家

■ 件名：房屋筹建

所谓契机，是一种偶然的机会，它来自与人的相遇。我做设计时之所以考虑环境问题，得益于与一个具有环境意识的人的偶遇。特别是"GPL之家"（**图8**[*1]）对我来说是一次带来转机的体验。这位客户是我大学时代的同届校友，他在给我的E-mail中向我请教一个比较生疏的住房改造的成本问题，由此引出了我对这个项目的研究。

图8　外观（©山岸刚）

深入研究住宅成本问题确实很难。房产商、建筑商、经销商组成的房地产业大部分以暗箱方式控制价格体系，以此确保盈利空间。而设计事务所的价格体系又不包括施工部分，因此，如果监理工作到位就应该是很透明的。但是，根据材料的使用、结构方式及空间审美的不同，单位面积价格有很大变化。由此看出，这位作家风格的客户或许很幸运，不过规格与性价比的关系往往都是暗箱操作。

我们都知道石山修武以"住宅价格太高"为切入点写了一部《用"秋叶原"的感觉考虑住宅》的书，用表示住宅整体性的符号来定夺住宅价格，论述我们和这一符号体系的关系。100m²的住宅卖多少钱？我们从广告媒体上得到了大量信息。对这一价格的感觉，不仅对想建住宅的人、想买住宅的人，对那些以建筑住宅为职业的人来说也已深深扎根。一笔工程的预算，被住户和预算编制者毫不怀疑地接受，计划向前推进时，"整体厨房很难实施吧、起居室要设地板供暖吧；因老奶奶的房间也要设地板供暖，房屋整体的窗户就要确保预算单列等等"，像这样各说各理，最终成了不知道以什么为目标的住宅。为了避免出现这种局面，众说之前要有一个总论，把建房整体归结为价格体系。石山把问题嵌入一个带有作家风格的住宅中，这一场合下的各论就是创意。

对这一问题做出回应的是我建筑界的恩师难波和彦推出的《箱之家》系列。"箱之家"在性价比最大化的基础上，引用了一种叫作"建筑的四层结构"的理论，是通过从建筑总论到各论的反馈持续演化过来的住宅。所谓建筑的四层结构，就是把建筑分为"物理性（材料、结构法、结构学）"、"能源性（环境学）"、"功能性（规划学）"、

[*1] "GPL之家"的意义在于设计图纸与预算，把各种模拟置于GNU General Public License。希望营造一种把信息向所有需要了解的人公开，支援多重创作活动的新的流通系统。

"符号性（历史、创意学）"这四个层次，分别从"建筑的样子（视点）"、"设计条件"、"解决问题的手段"、"历史"、"可持续发展设计程序"这些视点提出建筑问题的母体。利用这一母体讲解建筑的"四大要素密切相关"这一现代建筑设计的条件，我也延续了这一思路。

从总论角度考虑建筑时，建筑的价格作为边界条件存在，稍微极端一点的预算，比如500万日元，可以做的就非常有限了。但是，通过框架建立施工方式（1层），上浮的人工费可以投资到隔热材（2层）上。受结构法制约时，有可以实现的空间，也有表现上受限制的空间（4层），从这类制约中找到可以丰富生活方式的图解（3层），即是设计。当然施工费5000万日元的场合还有另一种安排方式。所以，"GPL之家"按照一定程度上有富余的状态做设想，以该条件下建筑各层相关较紧密的空间为目标。

■ 设计开始

刚从难波事务所独立出来的时候比较闲暇，在结构法带来建筑上的变化这一假说的基础上，每天在负责设计监理的住宅施工现场记录上班工人的活动。加工外墙装修材以及墙面施工平均用时21min，需要开窗口施工的部位用时43min左右，现场共488口窗户的用时等，通过观察发现了很多平时无从察觉的问题。整理工人现场施工时间上，每天安排给水排水卫生施工、电气施工及空调施工的时间很短，从基础施工阶段到最后的装修工程，经过对施工的详细分解，感觉有很多地方效率低下。对客户讲这番话时，他表示出很大兴趣，于是，从生产、流通系统的构筑开始设计。

从现场调查的体验中感觉到GPL之家如果按构筑—装修—设备这一顺序施工，是不是可以达到设备工程的效率最大化呢？这种施工步骤要对照建材的耐用年限，把更新时间短的露在外面，便于将来改造施工时可柔性应对。设备暴露在外面，要在对设备网络的升级改造充分预见的基础上做构筑设计，这方面的问题与将来未确定入住者的客户条件相重叠，如果计划、结构、设备系统统合起来，按照可以应对将来改造工程的结构法推进设计工作，这样就可以满足客户的要求。

为了能把生产与流通、施工步骤、计划、结构、设备的统合这一问题综合起来解决，开发了"木结构面板结构法"[*2]。有效利用基础混凝土养生的时间，提高材料进场效率，考虑现场的安装精度等，墙与地面使用通用性部件，实行了大板化。墙与地面分成A、B两个系统，A板上的结构适用于B板的开口部、分配设备。使用可以将这些设备串联起来的B板，把各种设备器械落实到主导生活方式方面的计划上，在做结构规划与调整的同时调整整体配置。此时需要留意的是，作为设备线路用的B板，是以笔画方式存在的。施工顺序上首先是把墙A板架设在基础上，然后再通过装配B板将墙壁成形，按地面A板、地面B板的顺序依次就位构成一个整体（**图9**）。利用这种结构

[*2] 与满田卫资结构计划研究所共同开发

法，在基础施工时，可以先把柱、梁、隔热材、承重墙以及装修等在工厂按面板化生产出来，这样可以缩短工期。而面板化的优势还在于只需水平面的作业，不是专业人士也同样可以较高精度地完成。现场对安装精度要求高，竣工后气密性测试要求达到 $2.5 cm^2/m^2$，$2m \times 6m$ 的面板尺寸引用了公路运输所要求的最大尺寸，对于一般住宅用地也可以确保通用性。

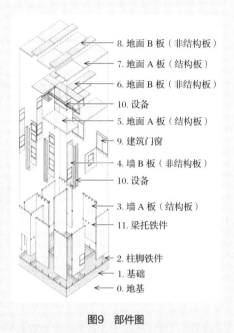

8. 地面 B 板（非结构板）
7. 地面 A 板（结构板）
6. 地面 B 板（非结构板）
10. 设备
5. 地面 A 板（结构板）
9. 建筑门窗
4. 墙 B 板（非结构板）
10. 设备
3. 墙 A 板（结构板）
11. 梁托铁件
2. 柱脚铁件
1. 基础
0. 地基

图9　部件图

客户希望有一个稳定的室内环境，为此开始了对辐射供暖及蓄热材料的研究。以前设计的装有水蓄热式地板供暖的住宅里，居住者过于享受了，寒冬季节仍穿着短袖衫，所以还要探索室温过分上升的抑制方法。旨在稳定室温而开发的可控制在23℃左右的潜热蓄热材，以2层的楼板为蓄热层，各层的楼板中心部位都配置1800mm宽的辐射冷暖空调，形成一种十字形断面蓄热式放射冷暖空调系统的提案。

十字形断面蓄热式放射冷暖空调，从其形态可以看出比较适合采用木结构板式结构法，不过，性能方面的验证均未进行。老实讲是检测手段尚不具备，说的现实一点是想在施工前确立其实用性。在东京大学之前，难波先生给我介绍了前真之老师，在十字形断面蓄热式放射冷暖空调方面，从他那里承教了工程学角度的一些建议。我在难波事务所供职期间，前老师评价了由我负责设计的"箱之家108"，当时还是刚听说住宅环境工程，我很有感触，这次他又建议我从热负荷的计算等具体数据入手，这种形态与性能的剥离给我的冲击，至今记忆犹新。

很快在这些数值基础上求出蓄热材的用量，开始了潜热蓄热式地板供暖的设计。当时市场上流通的是在23~32℃之间有温度变化的潜热蓄热材料，因此利用其双层结构所产生的热量移动，提出了一个如**图10**那样的假说。有效利用直接增益，在蓄热材料之间通入帘状配管，以利用深夜电力的冷温水热泵热源，夏季流动的是冷水（不冻液），冬季是热水（不冻液），这样一种循环系统。前老师看后觉得还不错，于是本案获准进入检测。

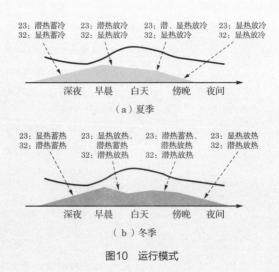

23：潜热蓄冷　23：潜热放冷　23：潜、显热放冷　23：显热放冷
32：显热蓄冷　32：显热放冷　32：显热放冷　32：显热放冷

深夜　早晨　白天　傍晚　夜间

（a）夏季

23：显热蓄热　23：显热放热、　23：潜热蓄热、　23：显热放热
32：潜热蓄热　　潜热蓄热　　　潜热放热　　　32：潜热放热
　　　　　　　32：潜热放热　32：潜热放热

深夜　早晨　白天　傍晚　夜间

（b）冬季

图10　运行模式

假说与验证

施工中会遇到各种各样的问题，通过相关方面共同努力才能安全竣工。能听到委托人倾注感情的感谢话语，是设想中的美好时刻。这种住宅装有很多不同种类的传感器，竣工后将通过它们检测供暖环境，设计方针是否正确，施工监理有没有问题等，通常不得不验证的事项都要事先挑明，所以踩点取样期间往往在沉闷中度过。

检测结果不做详述，想必是些很有意思的内容。**图11**[3]所示为冬季一天当中的室温变化情况。热源采取深夜用电，从23:00到翌日7:00运行。白天户外气温12℃，注入地板供暖的防冻液，去路约42℃，回路约35℃，相差7℃，热泵运转效率很高。地板表面温度在热泵开始运转时为25℃，运转停止后可升至30℃。是潜热蓄热材的作用吧，给人舒适感的温度升高幅度处于可掌控的范围。

与"GPL之家"供暖环境并行的还有对入住者行为动线的计测[4]。动线计测就是采用滑块型RFID引导系统。RFID（Radio Frequency Identification）就是存储ID信息的IC标签，是一种利用电磁感应通过无线通信交换信息的装备。这种方式的优点在于，位于滑块这层意思下面的工具可用来做计测，可以实现对供暖环境及人的行动同时进

---

*3　模拟制作：富坚英介
*4　远田敦，来自早稻田大学渡边研究室。

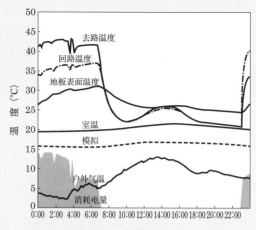

图11 计测结果

行监测，预测环境与行为的潜在关联。

能源与公正

　　这里需要关注舒适一词的使用。所谓舒适，是陪伴处于愉快状态下的人的行动的概念，并非仅凭稳定的供暖环境就能实现。对舒适性的追求应该把人的行动与时间轴概念都考虑进去才行。从温暖的地方向体表稍觉凉意的地方移动，再向稍温暖的地方移动。这期间舒适性并没有损失，由于人的行动与时间轴的引入，舒适的温度范围发生了变化，此前被认为不好接受的温度范围，不是也能给予积极的评价吗？

　　东日本大地震之后，人们的价值观发生了转变。舆情决定未来，预示新视觉取代前辈开创的社会繁荣这一点应该没有异议。伊万·伊利伊奇在他的《能源与公正》中指出，社会正面临能源的规则、产业的转型以及受能源限制这三大结构思想的转变，在此基础上，"每个人的最大能源用量要对照环境问题加以制约这一点正在被认可，但如何将能耗尽可能降至最低限还没有考虑过，而能源一旦限制使用，就要制定以非常公正为特色的社会性关系"。

　　第二次世界大战后在日本出现的最低限住宅中，受资材匮乏形势下的法规约束，只能建造15坪以下的住宅。如今，被称作又一次战后的现在，对能源的使用加以限制的社会中，住宅应该拥有多大空间，具备什么样的功能呢？烧水时，在添柴的纠结中能做点什么？减少水量还是降低气压使沸点下降呢？不管怎么说，必须考虑一种在接受制约的情况下过日子的系统。制约也属于一种合同方式，合同需要让双方达成一致的条件。不仅依赖技术，还要通过人·空间·技术的统一来满足这些条件，这应该就是今后的环境设计吧。

3. 冈山宅邸

对建筑的志趣

明治神宫外苑树林旁边是萦绕着我的童年的青山，同润会公寓按田园都市的构想，选址在涉谷站靠前一点，位于保留着地铁终点氛围的东京郊外。我的小学生时代正值东京举办奥运会，因青山街拓宽工程而搬家，抹去了很多孩提时候熟悉街道的履痕。代代木体育馆、首都高速的出现更把都市化一举矗立在了面前。日本的万国博览会又让东京从膜结构等新建筑技术、现代音乐空间中受到了更多的影响，当时我这个大学生对城市规划方面的观点已开始闪现批判的眼光。

我从小喜欢音乐，所以，东京文化会馆（1961年）、生日剧场（1963年）落成首场音乐会、歌剧演出都深深震撼了我，不仅古典音乐，从歌舞伎、文乐、能，到越南战争的反战运动兴起的反主流文化的代表人物寺山修司的演出等，都市与建筑及演出者三者之间呈无缝连接，非常刺激的时代气息，在我十几岁时就已经充斥日本社会了。

为全身心投入创作活动而决定到国外生活一段时间，烦闷之余，注意到建筑上的家庭属性更多一些，为了学建筑又决意回日本了。这时在我的意识中，建筑已是囊括人的五大感官各种要素的学问。从沉默的春天（1962年）到成长受限（1972年）的这十年，即便处在飞速发展阶段，可远瞻地球环境的时代，已不再有音乐是时间艺术，建筑是空间艺术这种区别了，我觉得应该以综合性的环境问题作为自己的志向。

事务所的当初与现今

作为研究生院的研究生、海外派遣研究员，我在国外生活了两年，毕业那年，被阿曼的一次赛会选中，创办了设计事务所。位于首都马斯科特市中心，时逢二次开发潮的事务所规模很大，与国内建设单位会商、在监理不足的情况下仍完成了一些项目，致歉之余，后悔不已。在那个还没出现快递和互联网的时代，众多员工满世界奔波，我知道这不应该是我的做法，创办事务所是在我31岁的时候。自那以后可同时开展3个项目，从企划到监理都自己动手，坚持只从事与建设学位直接签约的工作这一方针，并未营业，直到参展、参赛作品被选中才推出。

委托方是个人也罢，或企业法人也罢，给建设单位的提案其含义在于，作品已然被展会选用，所以就可以从最初商定的环境上着手铺开了。从什么地方，什么时候，按什么档次进行呢？设计流程本身一般人难以理解。而设计体制上为达到目的就需要有最佳结构、设备、音响、庭园等专业队伍，在这一时点上搭建班子。

设计的通联

以沟口医院的改扩建（1995～2010年）为例，此前由名牌建筑公司负责设计施工的建筑物改扩建工程，已在福冈县西部沿海的地震中损毁，从各楼栋的抗震诊断开始，在院内组织了建设委员会，将拆除再重建的楼栋、抗震性能不强的楼栋及只对内装修和设备做改动的楼栋区分开，从规则上确认顺序。该委员会由医生、护士、技师、康复、药房、厨房及办公等院内各单位主任构成，自己所在区以外部分也要求参加讨论。为了施工不影响医院的正常运转，要求每个区只移动一次，整体分5个阶段，工程表经全员讨论后确定。手术室由4室减至2室期间，病房的病床数按月递增，MRI、CT、康复室等的移动、厨房可以关闭的时间等，不仅需要经营方面的判断，若没有全体职员的理解、配合，再好的设计都难以实现，也无法对门诊、住院患者做出满意答复。施工期间，每周都要开现场会及建设委员会会议，对工程进度、噪声等做出预判，为临建、移动做好准备，进而推进停电、设备存放场所及时间调整等。没出什么大问题，用了3年时间，建筑物竣工了。

设计意识与感觉

在审读用地条件时常发现很多提案中的环境要素。绕行四季的太阳位置按经纬度划分，可把握周边地形、高度所造成的风及温湿度变化，从植被和地质数据中可获取10年、百年的信息。展会上有关环境要素的新提案，尚未确立的设想也提交上来。采用已处于设计阶段的部分。位于市区的沟口医院改建楼栋的屋顶种植了茂密的植物，设有全楼的给气口，以此达到降低夏天制冷负荷，冬季加湿负荷的目的，相关设备的设计是后来的提案，可能因此未能实施。

环境要素的设计，以自己的感觉为基础，从极寒地带到沙漠、大城市乃至偏远乡镇，这些地方我都生活过，从而有效把握空气温湿度、日照、辐射以及风等种种感觉。在炎热的伊拉克，经常利用瓦罐中水的汽化热换来清凉的饮用水，寒冷地带山上小屋里的暖气可以提高室温，可是天亮之前仍然会冻得发抖，这些现象是理解潜热、辐射的基础。这样，建设单位要求的方向和我准备提案的方向在设计会谈中会随着信任关系的加深而逐渐靠拢，很多环境问题都能达成共识。而此前设计的建筑物交工后仍与建设单位保持着联系，掌握各种问题并随时改进。在经年变化、住户更迭等应对的过程中，能够提高设计质量，这才是一个建筑师的最大乐趣。

委托人的意识

多数委托人误解建筑师，认为他们只对外观做提案，并不涉及制冷供暖、通风、照明、给水排水设备等问题。我对医院、厅堂的设计较多，把它们包含在内进行综合设计，住宅也是这样。制冷供暖、换气的空气质量及流通、照明的调光与色温、给水排水的热源、路径、隔声以及对其间湿度的控制等，都应该充分考虑，因为是无法退回去重新做住宅设计的。很多客户有丰富的商品知识，不仅外观和材料，眼睛看不到的、只能由数字决定的设计方面也很重要。为了对环境提案做设计，建筑师也需要这方面的知识，积累见识，在这之前要开创不维系成本的新的环境要素设计。

■ 冈山宅邸Studio Concetino（2007~2010）的工艺流程

这是著名弦乐四重奏第一提琴演奏家夫妇，从音乐大学卸任后用于满足其生活方

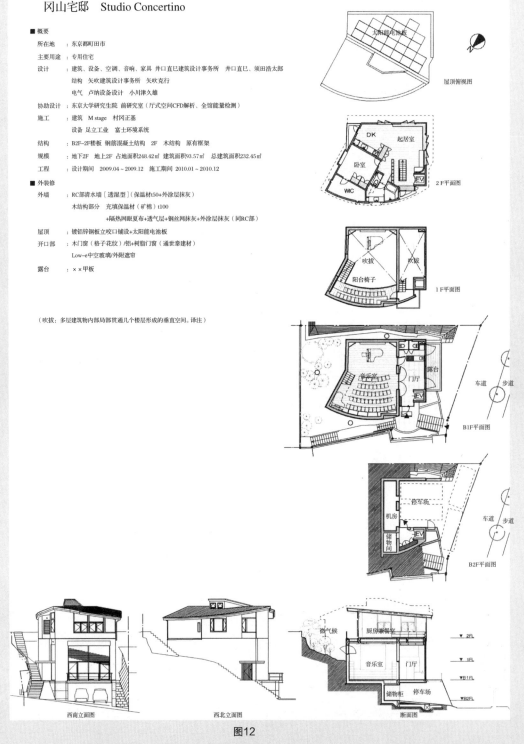

图12

式的空间。住了30年的私宅南侧为私有土地，就能否在坡地上建音乐室问题经过商议做出决定。自前面道路至宅地有7.4m的高度差，按上下区分各自用途，位于半地下的70个座位的音乐室，其上层在用途的分区上是按居住需求做的提案（**图12**、**图13**）。

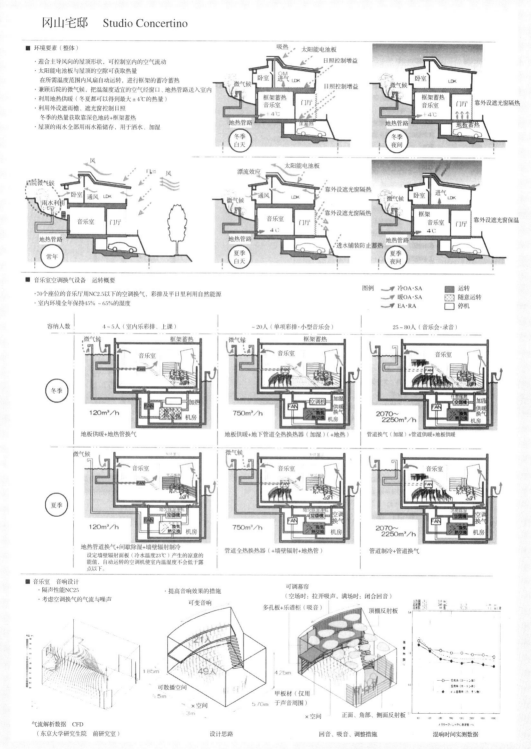

图13

第 1 编　节能及 CO_2 减排住宅的设计与验证

■ 参展阶段的提案

· 将房屋置于靠路边一侧，在遮挡朝阳的东北侧可以设置用来营造微气候的遮荫庭院。

· 与路面平齐的B2层可停4辆车，配有搬运乐器及供老年人使用的出入口和空调机房。

· B1层为引道和前院，为了便于前厅、门厅的隔声、隔热，采取半地下室方式。

· 一层为层高4.8m的共享空间，其中间层兼作通往二层的楼梯及踏步台、阳台椅。

· 二层凭其充足的日照和通风分别设有生活区、就寝区和用水区的住宅。

这一提案被采纳，在基本设计的初始阶段，通过模拟对音乐厅的形状做了深入研究，完成了弦乐四重奏练习和音乐会的最佳音响设计，包括对钢琴和室内乐的音乐会及室内管弦乐排练场的设计。

■ 基本设计阶段的提案

· 一层5排座席、二层2排共70个席位，顶棚高4.2m，最适合室内乐的音响设计。

· 推拉挂在二层座席后面的幕帘，可随意调整空场时的音效。

· 聚集宾客时空调设备按专用厅的同等功能，可以把排练时的负荷控制在住宅的程度水平上。

· 用于聚集宾客的宽敞门厅、阳台、卫生间、服务台。

· 有效利用电梯，后台在二层，衣帽寄存在B2层，录音在一层。

基本设计定形，空间得到认可，进入设计实施阶段，应甲方要求就上述内容开始更为深入的研究，将创意、结构、设备、音响、绿植综合起来，就如何在预算范围内做出最佳设计进行反复讨论。

■ 从结构设计到其他要素

· RC结构厅室的墙壁厚度，隔声性能要求为300，反梁楼板之上为框架木结构。

· 为了防止热桥现象，由阳台钢筋外层隔热框架与挡土墙做热性能上的分隔。

· 根据太阳能电池板和主导风的效应决定正南侧的大屋顶与屋脊小屋顶的坡度大小。

· 两面大屋顶的雨天积水全部由两条落水筒收集到水箱中。

■ 厅的空气环境

· 70个座席满场运转时，在B2层机房设置噪声NC25以下的管道空调换气设备。

· 空调机与外气负荷无损耗处理管道并列，在容纳10～80人的情况下适当运转。

· 按CFD设计空气流动，从舞台左右的反射板出风，从厅室背面进风。

· 4人排练时靠框架蓄热，地热管道换气，墙壁辐射被动制冷。

・24h换气的地热管道利用微气候的庭院气温，夏季可达到-4℃，冬季+4℃。

・舞台三面的辐射音响反射板，从演奏者一侧计算放射面比例为27mW/m²。

・上述情况当室温28℃、放射面25℃、冷水22℃时，基本设定湿度65%以下。

・辐射的冷水管于结露前可感知温湿度，管道空调自动启动除湿。

・按一般住宅的用电量可实现全年24h 20～30℃、40%～65%的温湿度。

■ 住宅的空气环境

・冬季利用太阳能电池板及其屋顶之间的空隙暖风，通过2层楼面下的楼板蓄热，为室内供暖。

・与热泵式（HP）热水地板供暖并设的空调冬夏基本不用。

・春秋季小屋顶天窗的通风排气，无关风向、风力，都可以通风。

■ 其他要点

・热水供给使用爱科魁斗（译注：原文"エコキュート"，日本电力公司及热水器厂家的注册商标），与二层用水部位邻接设置主要的热水供应。

・4.4kW的太阳能电池板可高效率发电。

・二层的屋顶隔热采用GW200mm，墙体外层为矿棉100mm+外侧透气层。

・屋顶建材的下面是隔热膜，木结构墙体由较高透湿性的材料与可控制湿度的膜构成。

・长期使用而且高处灯具的更换要产生费用的厅室照明采用调光式LED灯。

图14　冈山宅邸

4. 矢板市街的车站生态样板房项目

2009年，日本环境省按照21世纪环境友好型住宅的样板整备实施了建筑促进事业。全国建设了20处生态住房，开展了各地方气候及风土特色的生态住房启蒙、普及活动。

"矢板市街道的车站生态样板房项目"（**图15**）作为其中之一在栃木县矢板市建成，以就地取材及被动式为设计理念，致力于生态化的实施。从着手设计直至完成，要面对各种辛劳和意想不到的变故。这里就介绍一些插曲。

图15　矢板市街的车站生态样板房外观

■ 事业的来由

采取了与通常的公共事业不同的方法，从挑选设计者到完成这一期间设法求得环境建筑专家的援助。

在挑选设计者应征方案时，以参加过3次学习会为应征条件，进一步筛选后再实施设计考评、施工阶段考评、见习会。由此，不仅事业方面有关人员（矢板市、××设计、东昭建设（建筑工程）、山口建设（外部施工）等），以本县的建筑相关人员为首的诸多方面，都有机会得到环境建筑专家的提案，以实际的生态住房为教材，借此机会进行推介是一大特色。

事业相关人员和环境建筑专家互相支援，由日本建筑师协会JIA环境行动研究室承担推进具体事业的事务局的职责。

这类事业，作为事业主体的矢板市也是初次接触，从业时间又不长，稍显担心。但是对于平时并不参与的事业总怀有期待心理。矢板市于2009年12月实行环境城市宣言，是一个对于环境问题认识程度较高的地方政府。在这一背景下被环保部征集而采用。

建筑物概要

（1）传统工艺，就地取材

木结构2层楼的柱、地梁和格床的接合部位，用地方传统工艺"销榫接合工法"组对。墙面采用市内"高原山"的优质杉木，按"木板墙构筑法"构筑。内墙含装修在内，利用当地产的材料充分展现建筑物的特色。装修材料也是当地的大谷石、芦野石、益子的再生瓷砖及乌山和纸。

（2）利用地方智慧

一层设有素土地面的空间，提供了便于与邻居交往、侍弄家庭菜园以及休整户外用具等所需的场地。这是一块靠直接增益蓄热、并充分感受自然变化的半户外空间。外部结构充分利用地方传统的农家智慧，北侧栽种用于防风的橡树林，南侧开辟防日晒的落叶树杂木林庭院。木质门窗开口部可引入南北向主导风，树木的蒸腾作用还可以把凉风送入室内。

（3）太阳能的利用，烧柴炉

矢板市属于夏季高温多湿，冬季低温干燥的大陆性气候，是全年日照时间较长（1741.1h/a）的地区。充分发挥这一特性，采用了利用太阳能光热的混合型系统。二层屋顶设有4.5kW的太阳能电池板，提供照明、家电的用电。从一层屋顶设置的太阳能集热器引出的热媒（防冻液）管路，通过一层地板下的碎石，经蓄热槽与热水水箱连接，与爱科魁斗进行热交换。这样，不仅通过蓄热减少了供暖负荷，还可以用来供热水。同时，还设有以市内间伐材为燃料的柴炉，其烟囱连通双重管道，让外面空气进入室内之前在此被加热，经热交换为地板下面的蓄热槽升温。其他还有全热交换器，利用顶棚风扇使室内温度均匀，采用LED照明和雨水的回收利用（**图16**、**图17**）。

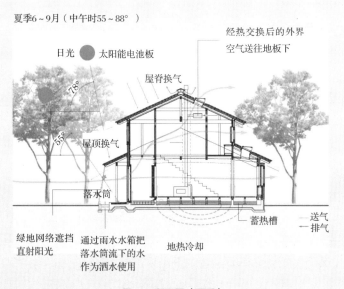

图16 断面图（夏季）

冬季11~1月（中午时30~34°）

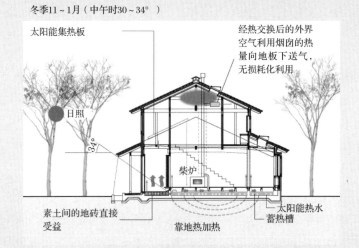

太阳能集热板

经热交换后的外界空气利用烟囱的热量向地板下送气，无损耗化利用

日照

34°

柴炉

素土间的地砖直接受益

靠地热加热

太阳能热水蓄热槽

图17　断面图（冬季）

■ 规划时的课题——温暖环境性能

设计者往往在温暖环境的设定与舒适性之间如何抉择上游移不定。但是，据环境建筑专家的建议，考虑表面温度、室内温度和气流，基于体感温度来决定隔热规格，制定断面规划。另外，还确认了来自模拟软件的Q值、一次能耗、CO_2排放量的预测，考虑了这些结果与建筑物的收头，保温材料采用无氟的高性能硬质聚氨酯泡沫塑料，确保达到新一代节能标准的要求。

另外，建筑物竣工后，由东京大学前研究室对气象、电力、太阳能利用设备及温暖环境做了持续性检测。交工第一年（2010年）又进一步追加测试了通风、C值、Q值。

■ 施工时的课题——木板墙构筑法1

考虑对就地取材的积极倡导，由于露明柱结构的架构及房椽外露，因此采用了"木板墙构筑法"。采用从本市"高原山"间伐下来的优质杉木，加工成40mm厚的木板插在立柱之间，具有较好的抗震、防火、保湿等性能。但是，施工过程要付出一定的辛苦。

"木板墙构筑法"将构筑物以内墙形式表现出来，所以，配线、配管都没有隐蔽部分，墙面要开出配线用沟槽，在外墙保温材料与木板墙之间的空隙中配线等，设计者与施工者要为密集的配线路径做好规划再进行施工。做到这些，往往仍然难免因外墙装修材的安装造成局部断线。这种情况下，外墙已安装完毕，尽管想过应该怎么处理，可是幸亏用备用线解决才无疾而终。

另外，也有初次采用"木板墙构筑法"方面的原因，木工施工中的立柱与地梁、格床的接合部所用的传统工法（销榫接合工法）、木板墙构筑法中供模板插入的墙柱、格床开槽部分的手工操作，比最初的设想用了更多的时间。但是，习惯了插入工法的简单步骤之后，仍可以提高速度，免除对延时的担心。使用通常工法3～4天即可完成架设，但这种工法将木板墙按自下而上的顺序插入，架设过程需要一定时间。架设木板墙一般要仰仗好的天气条件，若赶上下雪天，就不得不推迟架设。但是除涂装之外，内装修要简单些，同时也有赖于相关各方共同努力，从而完成预定目标。

一点题外话：负责现场施工的东昭建设的矶先生有杉木花粉过敏症，杉材加工中的粉尘飘散让他大吃苦头（交工后不存在这个问题）。

■ 流通的课题——木板墙构筑法2

有关工法上的课题，在现时点上，仅富山县设有杉木板加工工厂，按就地取材的课题要求采用当地木材，可是，将其运到富山县去加工，再运到枥木县，这当中运输的能耗和时间不可小看，而出于普及生态住房的样板房这一主旨来采用。杉木板的加工本来就不是什么太难的技术，今后应该考虑如何实施包括加工在内的就地取材，实际上，参观这一生态住房的枥木县林业相关人员已经有这种感受。

■ 运营时的课题——冬季的湿度控制

付出这番辛苦，生态住房终于完成了。交工的头一年由矢板市负责管理，第二年起，同一宅地内完成的道路、车站等设施也一并由指定的管理者负责管理，管理办公室就使用生态住房中的一个房间。最初一年的生活感受，向在此就职的矢板市的永井进一先生了解一下。

"春夏秋这三个季节通风良好，确实很舒适。夏天南侧庭院里的落叶树遮挡日照，而树叶的蒸腾作用还可以让人体验到丝丝凉意。冬天来自地板的蓄热加上柴炉，使整座建筑物都给人以柔和的暖意。"但是，冬季湿度的调整（2月上旬，户外湿度35%，室内湿度25%）却要付出一番努力。样板房的厨房、浴室、洗衣等日常用水量趋于减少也是原因之一。今后，安排入住体验等活动时要增加用水机会，以做好改善的设想。

■ 运营时的课题——夏季的热水储存量

通过前述太阳能集热器为地板下面蓄热并供给热水。夏季不需要蓄热，配管内的循环流量减少。泵的容量要配合冬季的流量进行选择，要维持需要量以上的流量循环。希望今后能按照不同季节的流量变化调整泵的功率。

■ 意料之外的应用——比如东日本大地震时

2011年3月11日发生的东日本大地震中，矢板市也蒙受了灾害损失，生态住房得以幸免，地震后的2天当中接纳了市内50多名灾民。后来成了自卫队和供水支援团队的据点，用来开展灾后恢复工作。

牵强点说，设备只损坏了一台（准确地讲，并非直接损于地震，而是次生灾害造成的损失）。因地震导致停电，全热交换装置陷入停机状态，转而使用柴炉。为了给送风的空气加热，柴炉的烟囱都作为双重管道使用，平时通过全热交换装置向双重管道送风，因停电导致装置停机时，被烟囱加热的空气在此逆流。数日内置身于高温空气下的风扇，其可动部分出现局部熔化，借此，全热交换装置就要彻底更换了。

很多人以各种形式切身体验了生态住房，生态住房街道的车站面向旁路（地震时正值开通之前），是市政府、文化中心等设施比较集中的区域，那里适于居住性的设施，不仅可作为避难所使用，据说与周边设施配合起来还可以形成复旧的样板。

■ 事业相关方面的感受

最后，想介绍一下相关方面的感受（敬称略，隶属关系为建设当时）。

矢板市　高久英治：

承担本事业之后，目光转向了与生态相关的信息，具体地说，就是开始全面梳理环境意识了。各方给我提供了参观生态住房的机会。利用这些机会提高人们的环境意识，希望多少总能普及一些生态住房及其他环保方面的生态技术。

UHKETA设计　和气文辉：

承接过很多高能耗机械设备的设计，首先是对建筑方面抱有疑问，从减少环境负荷、可持续性的观点上看出建筑物规划、设计的重要性。让我明白了在建筑物上积极发挥地区住户的智慧的重要性。

东昭建设　矶晓一：

以前认为生态住房就是节能住房，这次施工让我改变了认识，尤其材料方面，在就地取材这一观念上使用当地建材是摆在第一位的。

东昭建设　手塚崇史：

在隔热性能方面，理解了节能及室内热环境等方面的影响因素。确实，希望通过施工提高隔热保温性能。另外，回收利用的环保配管、再生瓷砖等，今后也要多使用环境友好型材料。

本事业为环境省的单年度事业，所以工期要求很严。以远藤忠市长为首，中村修副市长、环境科的佐藤隆、野中均、阿久津功，还有负责设备设计的柿沼整三、布施安隆、矢板市环境友好型住宅推进地区协议会委员等有关方面，都始终如一的努力，以至于仅用4个月的较短时间就顺利完工了。

我于2009年参与该事业，此前也曾有机会在长达2年时间里接触过生态住房、木板墙构筑法等先进施工技术，先把流通阶段的课题调查清楚，有助于普及推广，重新认识到改善运用阶段出现的问题，对提高居住环境的重要性。

1.1　住宅能耗调查案例

　　随着生态住房社会关注度的不断提高，节能住宅越来越多地建设起来，那么这些住宅果真实现了节能目的吗？

　　下面就以难波和彦（东京大学名誉教授）经手的住宅系列"箱之家"为对象，介绍一下该项委托的65项照明、供暖费调查所反映的能耗结果。

　　"箱之家"为高隔热、高气密性规格住房，为了有效利用通风和日照，室内未做隔断，而是连续的大通间（**图1.1**）。南面设有上下两层大窗户，利用房檐和侧墙控制日照的取舍等，根据节能需要做规划。实际上，客户也有很强的节能意识，调查问卷中70%的客户回答要求节能（**图1.2**）。

图1.1　"箱之家"内景

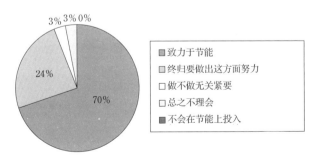

图1.2　"箱之家"客户的节能意识

■ "箱之家"很舒适，但不节能

图1.3是"箱之家"按月每户平均的能耗情况与以往研究报告[1]中的单户住宅调查结果的比较。其实，能耗的大小很大程度上受气候影响，因此图中划分出关东、中部、近畿和北陆几个地区。图中，除节能上有所考虑的"箱之家"之外，还可以看出与12个月的调查相比其能耗有所增长的结果，尤其冬季的能耗更大。建筑物、客户都有节能意识，为什么还是这种结果？原因就在于，这种连通的大空间供暖面积（容积）更大，而且，这种住宅采用夜间用电的水蓄热地板供暖系统，约90%的住户使用这种设备（**图1.4**）。用电高峰时，一个单位的电耗只能产生一个单位的热量，这一个单位的电耗与高出数倍热量的热泵相比，效率要差得多。

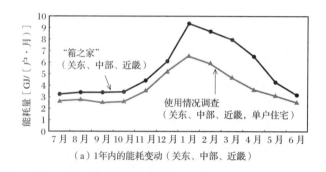

（a）1年内的能耗变动（关东、中部、近畿）

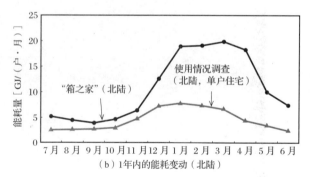

（b）1年内的能耗变动（北陆）

图1.3 按月每户的能耗

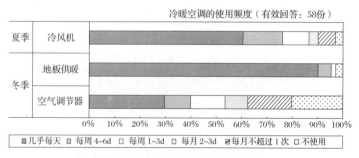

图1.4 冷暖空调使用频度的调查结果

看到这一调查结果后，为了削减供暖的能耗，难波采取了用高效温水热泵做热源等改善措施。设计者、居住者都抱有节能考虑，可调查表明仍有不少并未实现节能。若真正为了节能，竣工后就要照计划（Plan）去实行（Do），确认是否实现了节能要求（Check），如未实现就需要改进（Act），将PDCA周期继续下去。

【文　献】

1）長谷川善明，他：全国規模アンケートによる住宅内エネルギー消費の実態に関する研究　世帯特性の影響と世帯間のばらつきに関する考察　その1，日本建築学会環境系論文集，第583号，pp.23-28（2004.9）

1.2　住宅能源调查的动向

■ 身边的能耗调查

以往对能耗的调查一直处于谁都难以简单实施的状态。比如，检测某部机器，在不同时间有多大耗电量的时候，如图**1.5**所示，要在插座、分电盘等部位安装专用检测仪器，对数据做解析时必须用表计算软件做处理。而煤气、水（热水）还要在配管上装流量计进行检测，需要专门知识和一定的成本投入。所以，不用说普通居住者，就是中小型施工队也无法实施独立调查。

图1.5　在分电盘上检测用电量的情景

近年来，建筑物性能的提高及高效机器设备的采用在试行中确实有实际效果，能耗量、太阳能发电量等节能效果的实时显示，"可视化"十分引人注目。

其背景上有智能网格化倾向。将来住宅的太阳能发电等不稳定的再生能源广泛普及时，为了实现稳定的能源供给，不仅供电方（电力公司等），用户方面（各住户、建筑物以及地方团体）也要参与能源供求的管理、控制。

最初的"可视化"只停留在启发居住者的节能行为这一有限范围内，如今住宅能源供应的控制装置（HEMS：Home Energy Management System）正在迅速发展，而引入信息通信技术的住宅用能源表（类似智能电表）等也在开发当中。

通常用目前已普及的能源监视器可对住宅内的用电量、太阳能发电量进行计测，具备了买卖电量多少的显示等功能（**图1.6**），有一部分还可以显示系统及每部机器的用电量，每天的数据可保存在存储器中，而利用网上的服务器寄存等功能还在试验阶段。今后以智能表为发展方向，对空调、照明等机器的控制除网络外，还可以与住户开展协作控制等，并入HEMS，逐步推向实用化。

把这些装置充分利用起来，可以大幅削减添置新型计测设备的麻烦，因此能源调查就成了近在身边的工作。由居住者自己把握能耗的多少，每天确认节能目标的完成情况就变得很简单了。

图1.6　能源监视器的使用示例（冈山宅邸 Studio Concertino）

1.3　影响能耗的要因

1 气　候

日本从北海道至冲绳，国土呈南北向狭长，不同地区气候有很大区别。占住宅能耗很大比例的供暖部分依地区而不同也就不奇怪了。随着2008年5月节能法的修订，住宅事业的建设公司有了新的判断基准，**图1.7**中，把日本全国分成8个区域，制定了住宅的一次能耗量基准。对应到建筑物的设计上，首先要确认规划用地的气候类型，主要用于把握保温性能。

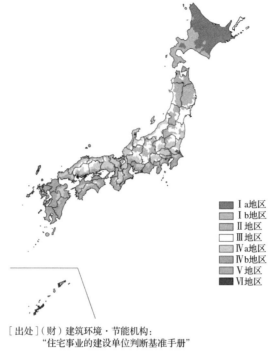

［出处］（财）建筑环境·节能机构：
"住宅事业的建设单位判断基准手册"

图 1.7 按住宅事业的建设单位判断基准所做的区域划分

图例：
Ⅰa地区
Ⅰb地区
Ⅱ地区
Ⅲ地区
Ⅳa地区
Ⅳb地区
Ⅴ地区
Ⅵ地区

第 1 编 节能及 CO₂ 减排住宅的设计与验证

2 建筑物·设备机器·住户

除气候外，住宅的能耗还受制于以下三方面的关系：第一是"建筑物的规格"，保温性、气密性的外墙性能，建筑结构（木结构、钢筋混凝土结构、钢结构等），这是主要因素；第二是"设备机器的规格"，制冷供暖设备、热水供给设备、通风设备、照明设备的方式及机器效率等也与此有关；第三是居住者的居住方式、家庭结构、机器设备的使用时间及使用方法等客户方面的各种情况。

关于1.1中介绍过的"箱之家"，如**表1.1**所示，根据所处方位、与相邻建筑物的状况、结构（热容量）不同的4个物业（建筑）下，冬季2天当中实测的室温变化如**图1.8**所示。另外，采用水蓄热地板供暖温度设定为35℃，使用时间为23时到翌日7时，统一都处于不再使用任何其他辅助供暖方式的状态下。

表1.1 "箱之家"的物业实测状况

	物业A	物业B	物业C	物业D
层数	两层建筑物	两层建筑物	两层建筑物	两层建筑物
总建筑面积（m²）	173.6	106.1	72.9	77.5
建筑物方位	东	东	南	南
结构	RC	木结构	木结构	木结构
热容量［kJ/（m²·K）］	1242.1	240.9	376.6	371.5

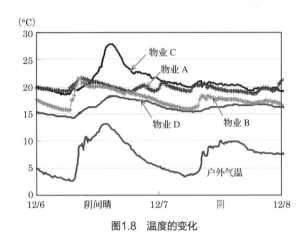

图1.8　温度的变化

物业A和物业B为朝东方向，物业A是RC结构，与木结构的物业B相比，热容量约大5倍。因此，物业A的室温变动幅度受户外气温变化的影响较小。物业C和物业D是朝南方向，物业D是一块旗杆地，与其邻接的有一两层建筑物，与比邻农田的物业C相比，光照较差。因此，温度趋于比物业C低，峰值时大约相差10℃。

处于同等情况使用供暖设备时，依结构和周边状况得到的温度有很大差异。换言之，为了实现同等温度条件，所需供暖能耗就会相差很多

3　简易住宅能耗计算方法介绍

"住宅事业建设单位判断基准"公布了住宅整体一次能耗计算用的Web程序[*1]（**图1.9**）。用这个程序输入住宅结构、保温性能及设备机器的规格，就可以计算出全年的一次能耗量。

按画面右侧的"使用"钮，即切换到可输入各项目的画面

图1.9　建设单位基准的Web主页画面

---

*1　节能法"住宅事业建设单位判断基准"计算用 Web 程序：http://ees.ibec.or.jp/app/dat-edit.aspx（此主页可能随时更新，请事先确认）

机器设备包括制冷供暖、热水供给、通风、照明及太阳能发电在内，从业者选择何种保温性能，什么样的机器设备，与多大程度上实现节能直接相关，也方便于开展研究。这里略去了细节，需要注意的是事先决定建筑样板与生活日程。

另外，对外墙性能（保温、隔热、蓄热）等做详细研究时，按第4章那样进行热负荷模拟是个好办法，但是，按现实情况找不到简便而比较经济的工具，所以，对一般从业者而言存在较大的障碍。

实际上，使用这样的工具可先看一看虚拟住宅的能耗，**图1.10**显示的是按4种规格计算的一次能耗量，方式A为本案的基准方式。简单说明一下建筑物的概要："Ⅳa地区的木结构单户住宅，Q值=2.7W/（m^2·K）的保温性能"，制冷供暖为"利用空调的间歇运转+通风"，通风为"壁挂式排风扇"，热水供给为"燃气快速（传统方式）热水器"，照明为"无白炽灯+带调光"。虚线表示的是在该住宅类型上按住宅事业建设单位判断基准应该达到的基准值［52GJ/（户·a）］。

方式B提高了保温性能，Q值=1.0W/（m^2·K），供暖能耗至少削减了一半，可见仅此一项即覆盖了基准值。

方式C改变了方式A的热水器，换上了CO_2冷媒热泵式热水器（爱科魁斗）。这里由于削减了热水供给的能耗，同样也可以确认降到了基准值以下。

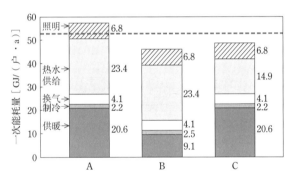

图1.10 利用Web程序研究能耗量的实例

这样，对于建筑物方面的措施及设备方面的措施都可以从一定程度上做出定量评估了。这里介绍的Web程序，如能明确建筑物、所用设备的规格，仅几个步骤就可以很简单地得出计算结果，对于从业者是很有效的工具。

1.4 从检测值掌握用户能耗特性

1 掌握电力、燃气、柴油的检测值

在节能这一点上，倒是有更多家庭由与其签有合同的从业者掌握自家检测数据，前提是各家建立有家庭台账。使用电时，可以掌握电费及每月用电量（kWh），如使用

燃气可以掌握燃气费及用量（m³）。对此可能会有"自宅检测值大约是多少？以前的检测单没有保留怎么办？"这样的问题，这种情况可通过能源事业单位的网站寻求搜素历史检测值的服务（**图1.11**），下面是相关示例。关于卤素灯、柴油问题，往往像以前那样只保留了对检测值、收据的记载，因此也需要引起注意。

- 东京电力"用电账簿"

  https://www30.tepco.co.jp/dv02s/dfw/shapeup/DV02A012/DV02AETOP.Jsp

- 关西电力"用电量通知服务"

  http://www.kepco.co.jp/service/miruden/index.html

- 东京煤气"myTokyoGas"

  http://home.tokyo-gas.co.jp/my tokyogas/ index.html

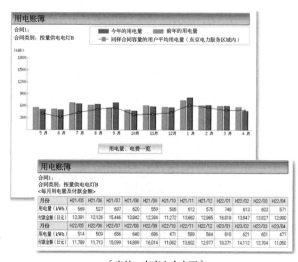

［出处：东京电力主页］

图1.11 "用电账簿"样本画面

② 通过检测值计算各种用途的能耗

使用东京大学前研究室的主页[1]上的excel文件（**图1.12**），输入这些检测值，即可计算不同用途的能耗量，通常情况下可以将其下载使用。

住宅设计者或考虑建设新住宅的用户，输入当前所住住宅的实测值，可以有效把握供暖的能耗大小，还有家电、照明的能耗大小以及热水用量的多少等。在此基础上，利用1.3节中所讲过的Web程序，研究住宅的规格及设备的规格，如果是规划中的新设物件能耗的分析研究，就要严格定量地进行设计才能推行下去。

---

[1] 东京大学前真之研究室主页：http://labf.t.u-tokyo.ac.jp/kougi_userdata/download/energy.xls（该主页随时有可能更新，请事先确认）

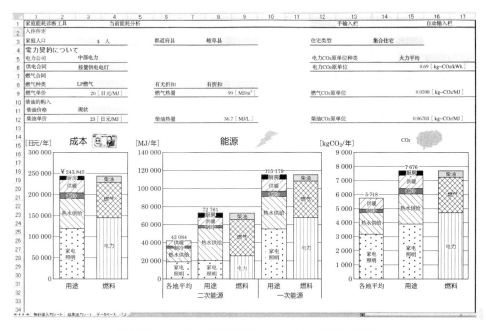

图1.12　利用检测值对各种用途能耗的计算结果画面示例

2.1 摸索宅地周边的气象

为了有效利用阳光及风等自然能源，把握好宅地周边的气象就十分重要了。这种情况下，不能仅仅依赖当地广泛的普通信息，更重要的是深入到宅地周围去做确认。

以东京夏季风为例，我们都知道白天是南风，夜里转为北风。但是，沿海地区与内陆又不同，单户住宅水平高度上的风向，很大程度上要受周围建筑物及道路等状况的左右。常听人说"探查过地区的气象，可是风向往往与设计不符。"根据宅地周边状况确认那里的气象往往不够充分。

这里所说的宅地周边气象的探查方法，为粗略掌握下情况，光介绍下气象厅的统计信息也给出了根据宅地周边的状况作为气象确认时的重点。

1 气象厅的气象统计信息

气象厅把发生过的气象观测数据发布到网上[*1]，上面有日本全国约150个地区的地面观测数据和1300多个地点的气象观测数据（自动气象数据）可供参照。

发布的这些数据，从年、月平均值到一天中每10min间隔的数据做多渠道整理，很难将其全部掌握。下面就把参照数据时的步骤示例如下。另外，不同地点的日照量等并未观测，这部分内容可参照最邻近地点的数据。

①参照"各年、月平均值"，把握每月的日照时间、全天日照、风向、风速、积雪。还可以确认迄今最热年份和最冷年份的气象状况。

②参照某一天的"每一小时的数值"，把握一天当中的气象变化情况。特别是做通

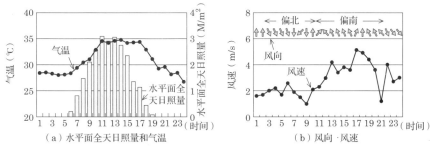

图2.1 东京1天内的气象变化情况（2010年7月24日的数值）

---

*1 气象厅主页：http://www.data.jma.go.jp/obd/stats/etrn/index.php（此主页有可能随时更新，请事先确认）

风规划时，白天和夜间风向、风速都有变化；应给予注意。例如，**图2.1**所示为东京1天内的气象变化情况。如图，太阳升起，随着气温的上升；风向开始由北转南，风速增大。像这样，在探查一天内的变化情况的基础上，考虑入住者的生活方式（开关窗户的时间段）编制计划很重要。

2 探查宅地周边状况确认气象

气象状况，尤其是风向、风速严重影响宅地周边的状况。如果靠近较大建筑物，受其阻挡的风往往会变得风向不定，而处在密集住宅区等地段，风向多沿着道路流动。所以，不能笼统地仅凭气象厅的统计信息，要再一次探查宅地周边状况对气象做确认，这是很重要的一项工作。

把握宅地周边状况时，首先，要充分利用好地图等资料。近年来，航拍照片等可以把建筑物立体展现出来的信息（以大城市为主）都发布到网上[*2]，有效利用这些信息，用来对照周边建筑物的大小、密集程度，道路状况、河流等水系地段、公园、农田等开放空间的位置关系都可以确认。

在此基础上，建议确认现有用地周边状况的同时，实地观测气象状况。无需配备大型的检测装置，家庭维修用品商店很容易买到的温湿度计及确认风向及流向的方位罗盘等也就足够了。记录下检测的时间，与气象厅气象统计信息所公布的每天10min间隔的数值做比对，参照宅地周边的状况，探查宅地周边的气象。

图2.2所示即以上宅地周边的气象探查方法。

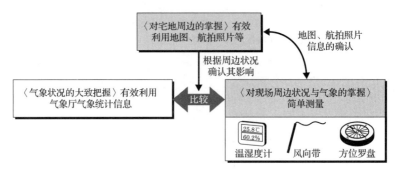

图2.2　宅地周边的气象探查方法

2.2 密集住宅区也可以良好通风吗?

1 考虑了通风窗口的基本配置

在考虑密集住宅区之前,以建在郊外的住宅为对象,就有关通风窗口的配置问题加以说明。为了确保通风效果,把窗口分为风的"入口"和"出口"是必不可少的,将它们配置在方位相互交错的墙上是一大重点。

图2.3所示为窗口的配置与通风效果的关系。室1和室4将窗口配置在不同方位的墙壁上确保通风效果。而室3,由于窗口配置在同一方位的墙壁上,通风效果就差一些,但与室2相比,两个窗口的换气量更多一些。因此,由于自然风的"柔和",可产生窗口之间反复交替"入口"和"出口"的作用。不管怎么说,如果窗口只设在同一方位的墙壁上,就如室3那样,将几处分开设置,以求在换气量方面取得较好效果。

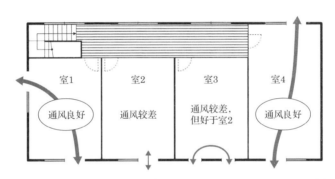

图2.3 窗口的配置与通风效果(假设通往各室的门均处于未关闭状态)

2 密集住宅区建筑物周围的气流性状

图2.4是设想的密集住宅区风洞实验的情景,以及建筑物周围气流性状的可视化结果。像这种密集住宅区,由于风的流动受周围建筑物的遮挡,靠近墙壁的气流会被削弱,因此仅凭设在墙上的窗口(**图2.3**),无法确保通风效果。而屋顶部分,即便密集住宅区也照样有风的流动(**图2.4**(b)),这种流动会形成向上掀起屋顶的力,也就是

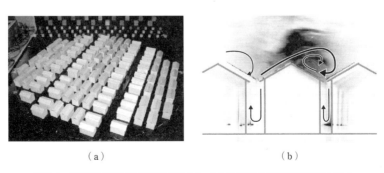

(a)   (b)

图2.4 密集住宅区风洞实验的情景(a)和气流性状的可视化结果(b)

说，墙面和屋顶设置的窗口，可以确保由墙向屋顶方向的通风。

这是郊外不同方位墙面上窗口的配置，总之，有平面规划就可以了，而密集住宅区考虑垂直方向的空气流动就成了窗口配置规划的重点。

3 密集住宅区确保通风的措施

设想垂直方向的空气流动，研究庭院、带天窗屋顶的2层楼房住宅（**图2.5**）的通风量。结果表明[1]，如果未对垂直方向空气流动采取措施，与前者相比，庭院平均2倍的通风量，不同风向、房间通风量最多可相差8倍。而带天窗的屋顶其开口部所在房间平均相差约3倍，最多时效果可相差6倍。

另外，不可忽略的还有防盗和保护隐私方面的考虑。目前，被认为防盗性较强的建筑配件上装有CP标志（**图2.6**），选择门、窗、玻璃等时可用作参考。另外，还有关闭时仍保持透气的卷帘门等，市场上也可以买到。

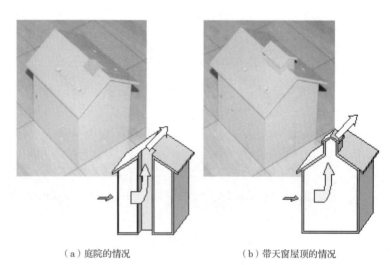

（a）庭院的情况　　　　　　　　（b）带天窗屋顶的情况

图2.5　实验模型与通风路径示意

图2.6　CP标志

【引用文献】

1）星野秀明，他：密集市街地における通風有効利用に関する研究（第２報）風圧係数分布に基づく屋根面負圧の通風促進効果に関する検討，空気調和・衛生工学会大会学術講演論文集，pp. 1893-1896，2007

2.3　通风规划实施案例

2008年度，株式会社cosmos initiative，东京大学研究生院工学系研究科建筑学专业的难波研究室，与前研究室共同参与了东京都内新兴住宅区2栋单户住宅的设计、施工，并实施了包括竣工后实测评价在内的综合案例研究。该案例研究已成为以通风为中心的环境设计及对其评价的一个课题。

1 设计阶段通过计算机模拟和风洞实验进行验证

设计上做了计算机模拟（CFD：Computational Fluid Dynamics）和风洞实验的验证。

事先通过气象厅的气象统计信息把握当地夏季的主导风向（南风），利用CFD计算包括周边建筑物在内的风的流向。其结果确认建筑物周围并不是南风，沿着前面道路是从东向西的风（**图2.7**）。这股风可以有效吹进居室，因此，侧墙就作为风捕手加以利用。此时，为了风下方的窗口也能有风经过，就要考虑把侧墙延伸到2层。另外，为了形成垂直方向的气流流动，屋顶部分设有窗口，从规划上进一步确保通风效果。

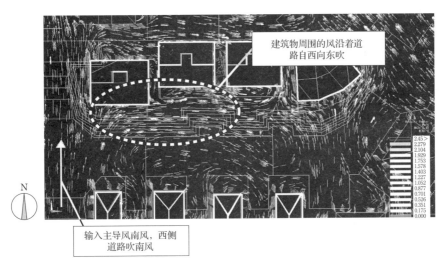

图2.7　建筑物周围气流的计算机模拟结果

在确定建筑物的体量与形状这一阶段，有关上述促进通风装置可通过风洞实验来验证（**图2.8**（a））。结果表明，流经前面道路的风被侧墙遮挡（风捕手效应），南侧墙面受到风压，而屋顶开口部可以确认有风的流入（**图2.8**（b））。打开各处的窗子，南侧墙上的窗口就作为入口，屋顶的开口就成了出口。

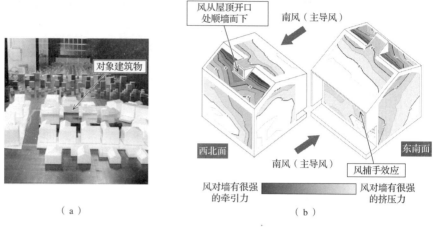

（a）

（b）

图2.8 风洞实验情景（a）与结果（b）

2 竣工·实测评估

竣工后，根据实测对是否按规划的意图实现了风的流动进行评估，其结果确认了侧墙的风捕手效应（**图2.9**（b））以及处在设定的主导风情况下，屋顶上的窗口经常有风流通。但是，由于作为风的出口的屋顶窗口和北侧墙面的窗口面积太小，如何确保其通风量仍是保留课题。

（a）建筑物外观（南面）

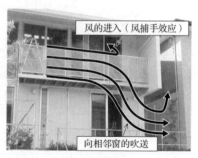

（b）侧墙的风捕手效应

（c）屋顶部分的窗口（北面）

（d）屋顶部分的窗口（内侧）

图2.9 建筑物的大致情景

2.4 太阳能利用实例（空气集热式太阳能系统）

在太阳能利用方面，介绍一下空气集热式太阳能系统的实例。该系统利用太阳能的热量为设在屋顶的集热器加热，被加热的热空气经过基础中的混凝土地梁这一蓄热部，从地板下面输送到居室，冬季就以此作为主要供暖手段（**图2.10**（a））。而春秋季、夏季，这部分热空气则用于热水供给系统（**图2.10**（b））。

（a）供暖集热（冬季）　（b）用于热水供给采热时（夏季、春秋季）

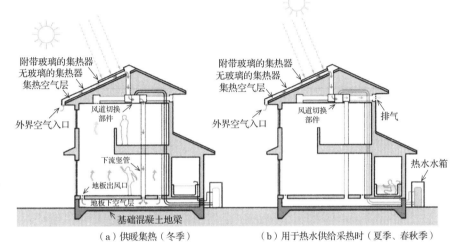

［出处］（财）建筑环境·节能机构："准寒冷地区版 自主循环住宅设计指南"

图2.10 空气集热式太阳能系统的原理

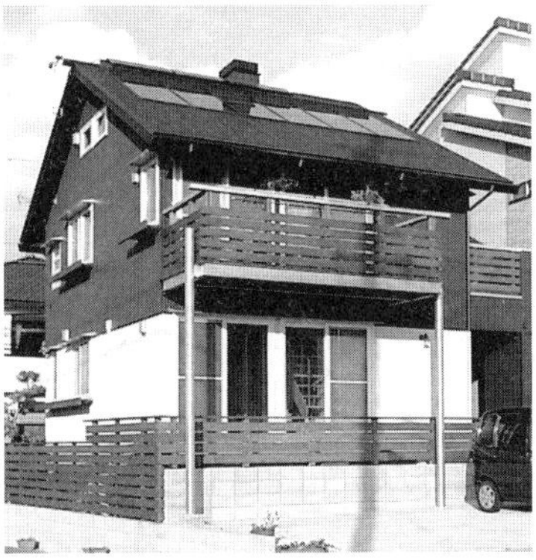

（a）外观

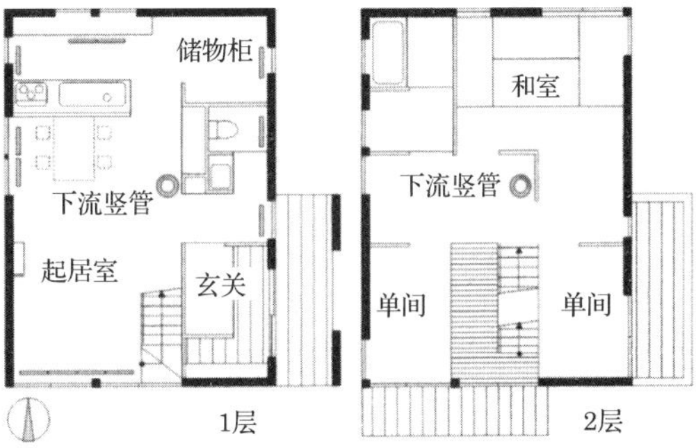

（b）平面图

图2.11 实测物件的概念与平面图

表2.1 实测建筑概要及家庭结构

所在地	爱知县安城市
竣工年份	2008年春季
建筑面积	总建筑面积：96m²（1层：48m²，2层：48m²）
外墙性能	设计Q值：2.65W/（m²·K）

对引入该系统的住宅（**图2.11**，**表2.1**）进行了实测。

从冬季的温度变化（**图2.12**）可以看出，1月2日是个能确保充足日照的晴天，早晨起居室的室温约14℃偏低，随着集热过程开始逐渐上升，过午时可达23℃。集热结束后，蓄热部积蓄的热量开始发挥作用，但室内已缓慢降温，到深夜0时可保持在18℃上下（此时尚未使用辅助供暖）。而地板的温度高于室温1℃左右，能保持在这一程度也是本系统的一大特征。同样为晴天的1月4日，温度状况也是这样。而阴天由于日照减少，比如1月3日这一天，无法仅仅依靠太阳的热量来供暖，傍晚后就要使用空调供暖了。

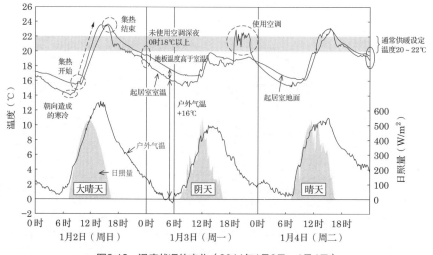

图2.12　温度状况的变化（2011年1月2日~1月4日）

此住宅的住户不怎么使用辅助供暖空调，可以接受早晨偏低的室温，不使用辅助供暖，晴天里可以把能耗控制在最低限。

从夏季的集热量中用于热水供给的热量（热水用采热量）和热水供给负荷（**图2.13**）可以看出，虽然受天气左右，但还要看季节，屋顶的集热可以满足热水供给负荷。

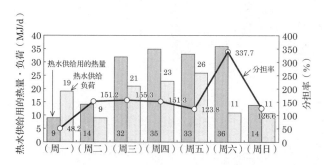

图2.13　用于热水供给的采热量与热水供给负荷的日累计值及太阳能分担率

2.5 太阳能利用实例（矢板市生态住房）

矢板市的生态住房利用太阳能发电（4.5kW），用太阳热能供暖和热水供给（参照实例研究5）。建筑物概要如**表2.2**所示。值得重点介绍的是保温、气密性能，就连保温、气密化较困难的传统木结构住宅，也按新一代节能基准经过全面实测得以确认。

表2.2 矢板市生态住房概要

占地面积	一层：179m², 二层：85m²，总建筑面积：264m²
结构、内装修	木结构、地板：杉 t40，内墙：杉 t40，PBt 12.5+ 接缝抹灰
保温规格	外保温
Q值	计算值：2.22W/（m²·K），实测值：1.22 W/（m²·K）
C值	实测值：2.8cm²/m
供暖设备	供暖设备：柴炉（利用排热），利用地板下碎石将太阳能蓄热
热水供给设备	太阳能型 CO_2 热泵式热水器（爱科魁斗）（不冻液和热水水槽分设）
换气设备	第1种全热交换换气方式

由于这座建筑物作为样板间加以利用，供暖设备的举措及能耗量等很难与普通住宅做比较。因此，就以四口之家的标准家庭生活内容作为对照，实施了供暖、热水供给、照明方面的模拟居住调查，实测了居住环境与能耗量。其中供暖方式为每天7:30～22:30使用木材炉，4天的调查期间都是晴天，充分利用了太阳能这一有利条件。

实施模拟居住调查的4天期间，户外与室内的温度变化如**图2.14**所示。位于一层的起居室与二层单间的温度没有区别，深夜即使关掉所有木材炉，凭借良好的保温性和地板下碎石对太阳能的蓄热，早晨室温也能保持达到17℃以上的效果。

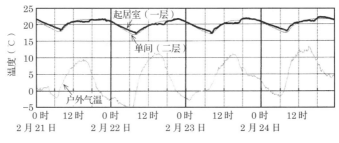

图2.14 温度状况的变化

4天当中每1h的用电量（二次能源）变化如**图2.15**所示，包括从系统购买的电量（买电），太阳能发电住户自己消费的电量（PV住户内消费），以及对系统的反向电量（PV卖电）。白天仅太阳能发电就可以满足用电需求，发电量的大约一半为反向电量，太阳能发电可以有效地加以利用。

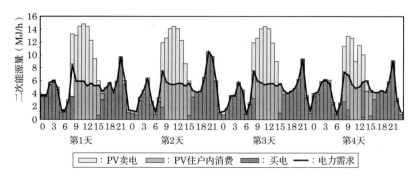

图2.15 用电量（二次能源）的变化

不同用途用电量的变化如**图2.16**所示。白天用于太阳能集热的不冻液通过管路上的泵打循环，泵的使用加大了耗电量。而在节能化及太阳能有效利用这一前提下，要面对如何抑制传送过程中的能耗这一课题。要求采用高效泵，并设法将管路中的压力损失控制在最低限。

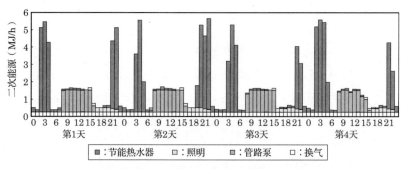

图2.16 不同用途用电量（二次能源）的变化

另外，还有一种利用太阳能供热水的系统，但深夜的节能热水器耗电量很大，其原因就在于，不冻液和热水分属不同的水箱，热损耗很大，从太阳能的获益或许只是体现在供暖上。对于前者需要改善系统，对于后者，设计阶段要测算好太阳能的集热量以及供暖、热水供给的负荷，要做出适当的系统设计和运用方法的规划。一旦形成复杂系统，不确定因素与成本都会增加，而且增加使用难度。自然能源的有效利用要考虑使用中的平衡关系。

2.6 日照的遮挡与获取

1 日照的遮挡

受日晒、日照影响较大的开口部，在对白天日照的利用方面，要从夏季、春秋季遮挡日晒，冬季获取日照这两方面来考虑做规划，遮挡重在避免阳光照射到室内，以防室温过热。

建筑环境省能源机构认为，用于制冷的能耗可削减15%～45%[1]，这一效果已经不算小了。即便高气密性、高保温的住宅，其建筑门窗若没有周密的规划，室温超过40℃也毫不奇怪。尤其注重装饰性的大开口豪华住宅更容易出现这类问题。而潮热地区对开口部的遮阳性能格外重视，设计上要兼顾遮挡与利用这两个方面。

关于遮阳的方法，首先要从开口部的外侧采取遮挡措施，重在防止室内太阳照射，利用窗檐、遮蓬、外设百叶窗、竹帘、苇帘等，对骄阳高照的中午的日晒和午后降低高度的夕阳日晒分别采取不同的应对方法，这些都是自古以来融入生活中的经验。其次，通过开口部（玻璃）的性能，（比如隔热型LOW-E玻璃等）在降低日照量上就很有效。对于进入室内的阳光，还可以利用窗帘、百叶窗等降低热负荷。采取室内遮挡肯定不会有很高的收效，但利用高反射性材料多少总还可以提高一些削减负荷的效果。其他还有采用绿植（树木、绿植窗帘）的遮挡方法，这些都会减少地面、混凝土墙面的外露，削弱辐射的影响。

东京大学利用1号楼做的屋顶实验中，用外设百叶窗做了遮挡日晒的实验[2]，结果确认最多可削减35%的制冷负荷（**图2.17**）。

外设百叶窗

环形轨道　　　遮蓬

屋顶实验楼

$$\dot{L}_{FC}=\int Q\cdot S_{FLR}(T_0-T_R)\cdot dt+\int h\cdot S_{WIN}\cdot J_{SOUTH}\cdot dt+\int Q_{PCM}\cdot dt$$
$$=a\cdot \dot{T}_0+b\cdot \dot{J}_{SOUTH}+C$$

变量
L_{FC}（MJ/d）　　　　　一天的制冷负荷
T_0（℃）　　　　　　　室外日平均温度
J_{SOUTH}［MJ/(m²·d)］　阳面总日照量

各负荷因素测算公式与实验楼的热收支公式

负荷因素	符号	测算公式（单位：W）
FC处理热量	L_{FC}	$c_W\cdot \tau_W\cdot V_{W FC}\cdot (T_{W RE FC}-T_{W IN FC})$
窗面透射的日照量	Q_{SOL}	$I_{SOUTH}\cdot S_{WIN}$
传导热量（框架）	Q_{WALL}	$S(q_{WALL}\cdot S_{WALL})+S(q_{CEIL}\cdot S_{CEIL})$ $+q_{DN}\cdot(S_{FLR}-S_{P\_FLR})-Q_{SOL}$
传导热量（窗面）	Q_{WIN}	$(T_{GLOBE\_NORTH}-T_{SAT\_WIN})\cdot U_t^{*1}\cdot S_{WIN}$
内部发热量	Q_{AS}	电表测定值
PCM蓄热量	Q_{PCM}	$S(q_{FL\_DN}^{*2}\cdot S_{P\_FLR})-S(q_{FL\_UP}^{*2}\cdot S_{P\_FLR})$
热收支公式	L_{FC}	$L_{FC}=Q_{SOL}+Q_{WALL}+Q_{WIN}+Q_{AS}+Q_{PCM}$

*1　窗面回流率1.68 W/(m²·K)
*2　热流向下正S部位各部位面积（m²）
　　q部位各部位热流测定值（W/m²）

示例编号

示例编号	蓄热板	PCM初期温度	日照遮挡
1	有	25℃	无
2	有	25℃	遮蓬（参照左图）
3	有	25℃	外设百叶窗（参照左图）
4	无	—	无

重回归分析的结果

示例	a	b	c	R^2	用回归公式算出的制冷负荷 [按$T_0$26℃，按J_{SOUTH} 8MJ/(m²·dh)]
1	1.86	3.95	40.9	0.962	39.2 MJ/d
2	2.47	1.33	40.9	0.988	34.0 MJ/d
3	1.85	2.23	40.9	0.907	25.1 MJ/d
4	1.84	3.24	38.1	0.975	35.7 MJ/d

图2.17　通过遮挡日晒削减制冷负荷的效果验证（东京大学屋顶实验楼）

2　日照的获取

日照的获取主要针对冬季让阳光透过窗玻璃照射到室内，并以蓄热方式储存，入夜后利用储蓄的热量。根据建筑环境省能源机构的数据，供暖能耗可削减5%～40%[3]。对日照的获取量取决于开口面积及透光率发挥的作用，但要保证这些效果维持到夜间

第 1 编　节能及CO₂减排住宅的设计与验证

就需要储蓄日照热量的蓄热系统，使用LOW-E等保温型具有较高隔热性的玻璃，可最大限度防止日照增加室内的热量，是一种很有效的结构形式。另外，为了降低门窗的热损失率，还可以采用较高隔热性的树脂类门窗等。而作为建筑物的蓄热部位，在居室空间内设置突角拱之类蓄热体也是一种方法，也可以埋设在地板下面、墙壁内。后者依表面装修材的日照透射率的不同，被蓄热体吸收的比例以及向室内侧反射、对流的散热量也有很大区别。

东京大学1号楼的人工环境实验室所做的仿日照光照蓄热实验[4]中，当投放相同日照量（按夏季每小时平均日照量均衡照射）时，分析了各装修材的潜热蓄热方式，地板供暖面板（局部水蓄热）的蓄热放热性能，验证各种装修材依日照程度的不同，具有多大潜热蓄热效果（**图2.18**）。从这种采用仿日照的实验中得到的来自日照的PCM蓄热量，设计方面要考虑的要因有地面装修材的日照获取率以及装修材与蓄热层之间的热阻；气象方面的要因中，日照量对于蓄热量也是很重要的一环。在该实验条件中，尤其表面装修所用的黑瓷砖，其蓄热放热量可达常用铺地材料的3倍。

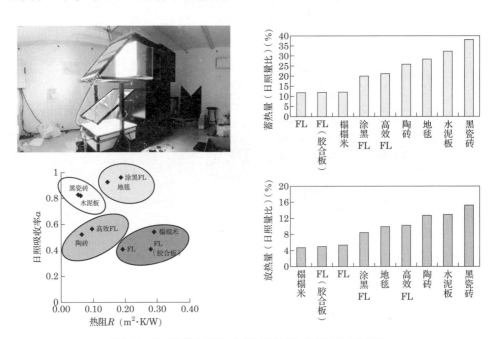

图2.18 仿日照状态下各种装修材蓄热量与放热量的实验结果

【文 献】

1) 財団法人 建築環境・省エネルギー機構：自立循環住宅への設計ガイドライン，p.132
2) 金 秀耿，河野良坪，他：ヒートポンプと日射利用による快適性の高い省エネ型蓄熱式床暖房の研究開発－その3. 蓄熱式床暖房パネルが冷房負荷に及ぼす影響と日射遮蔽による効果の検討，日本建築学会大会学術講演梗概集（北陸）（2010.9）
3) 財団法人 建築環境・省エネルギー機構：自立循環住宅への設計ガイドライン，p.72
4) 河野良坪，星川 力，他：ヒートポンプと日射利用による快適性の高い省エネ型蓄熱式床暖房の研究開発－その10. 人工太陽装置を用いた仕上げ材ごとのPCMパネルの蓄放熱特性把握，日本建築学会大会学術講演梗概集（関東）（2011.8）

3.1　高效空气调节器

1　空气调节器的效率

　　一般情况下，空气调节器的效率多用COP（Coefficient of Performance）或APF（Annual Performance Factor）来表示。COP是成绩系数，对于耗电量而言是用制冷与供暖时处理热量的比值所显示的指标，COP的值越大，节能效果越好，而供暖时与制冷时的数值也不一样。但是，COP是在一定的温度环境下按照日本工业标准（JIS B 8615-1:1999）规定的额定运转时间进行测定的，因此必须注意与通常实际条件下所指的效率是有区别的。

　　而APF即年能耗效率，制冷季和供暖季相同，从室内排出的热量加上为室内空气投入的热量的总和与同期消费总电力之比就是APF的值。APF用于家庭时采用日本工业标准JIS C9612:2005（房间空气调节器），用于办公时使用日本工业标准JIS B8616:2006（箱型空气调节器）。目前，主流空气调节器压缩机转数可随供热多少来改变制冷供暖的能力。为此，从仅凭额定条件进行评价的COP，逐渐转向基于负荷考虑空调能力变化的APF方式。

　　20世纪90年代初期，空调器的COP制冷和供暖都在2.5～3.0左右，随着节能法的修订营运高峰基准（以节能性能最佳机种作为基准值）的制定，促进了企业间的竞争，到2011年已提升至COP值6.5，APF值7.0的高值。但是，与2004年以前相比，效率的提高要慢得多[1]。

2　部分负荷效率

　　空调器效率一般的额定能力上的效率易于接近峰值。对东京大学工学部1号楼空调

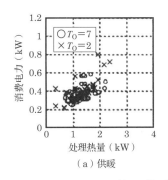
（a）供暖

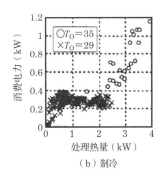
（b）制冷

图3.1　空调器处理热量与耗电量的关系[2]

器的部分负荷效率的计测结果[2]如**图3.1**、**图3.2**所示。其结果表明，不论比额定负荷增大还是减少，效率均呈减小趋势，处理热量与耗电量基本上成正相关。但是，由于低负荷领域不压缩耗电量，而是按一定量消费电力，所以极易降低效率。另外，在热泵特性上，设定的温度与户外气温差越大越增加电耗。不管怎么说，应选择性能适合其居室大小的空调器，才有利于提高能效，而并非高价的大容量机种。

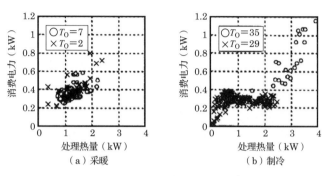

图3.2　空调器部分负荷时的COP[2]

3　利用空调器除湿

东京电力以首都圈的300名主妇为对象做过一次网上调查，并以"空调制冷与除湿的巧妙使用方法"为题发表了调查结果[3]。这一调查结果表明，很多人都在使用空调除湿功能，其原因就在于多数人认为"电费很便宜"。但是，最近的空调器中有些高档机种采用了"再热除湿"原理，在这种情况下，空气的冷却增加了除湿量，把这些冷却过的空气重新用加热器加热后再吹送出去这种结构，与过去那种除湿（将空气稍作冷却，在此范围内进行除湿，所以又称为弱制冷除湿）相比，去除湿气的效果更佳，但对冷空气的重新加热又加大了电耗，结果往往因此推高成本（**图3.3**）。

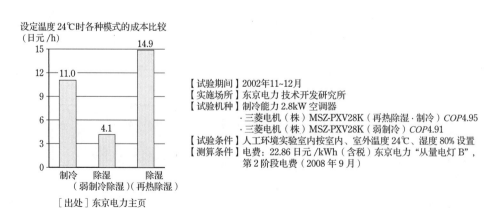

图3.3　制冷、弱制冷除湿，再热除湿的成本比较[3]

【文　献】

1）資源エネルギー庁省エネルギー対策課：トップランナー基準の現状等について，ホームページ資料
http://www.meti.go.jp/press/20110124003/20110124003-10.pdf
2）金 秀耿，田中堤子，他：住宅用ヒートポンプ式暖冷房機器のエネルギー消費量の評価法に関する研究－その1．実験・調査・シミュレーションによる分析，日本建築学会大会学術講演梗概集（九州）（2007.8）
3）東京電力ホームページ
http://www.tepco.co.jp/cc/press/betu09_j/images/090709g.pdf

3.2　地板供暖也使用热泵

1　热泵式地板供暖

与对流式供暖方式相比，地板供暖形成自然对流，很少存在气流感，上下温差小，是一种舒适性更高的供暖方式（**图3.4**）。地板供暖大致可分为电热式和温水式两种，一般电热式初期费用不高，而温水式在运行成本上比较节省。而起动之快，接触面温度不会过高，温水式在舒适性方面多少显得更为有利[1]，这部分需求正在增加。1998年，采用这种温水式地板供暖的住宅部门其敷设面积约150万m^2，而2008年已增至280万m^2，合计敷设面积仍在继续上升（**图3.5**）。至于这种温水式地板供暖的热源，以前是燃气或电热式，而近些年，住宅部门采用以空气及地热为热源的热泵地板供暖方式，因为不动火所以安全性更可靠，同时，利用空气中的热量把水加热成热水，从经济性及节能方面着眼，将会越来越普及。

另外，热泵方式依其与户外机组合方式的不同，可分为地板供暖专用型、空调器兼用型和热水供给兼用型三种类型[2]。随着近年来住宅保温性能的不断提高，如果大面积采用地板供暖专用型，去迎合新一代节能标准要求，那么1台热源机就可以满足约120m^2面积范围的需要。不过，地板下方的热损失切不可忽视，即使通常采用的高保温处理，其热损失也不低于10%[3]。

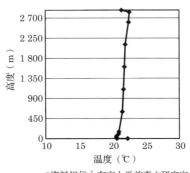

[资料提供] 东京大学前真之研究室

图3.4　单户住宅类温水式地板供暖运转时上下温度分布示例

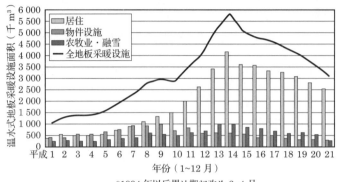

*1994 年以后累计期间改为 3~4 月

[出处]日本地板采暖工业会主页
(http://www.yukadanbou.gr.jp/about/resulte/index.html)

图3.5 温水式地板供暖设备的设置面积的进展（日本地板供暖工业会调查）

② 地板供暖用板

温水式地板供暖首先要准备温水，使其在地板下面敷设的管路中流动。地板供暖

	结构	总厚度（mm） （装修材）	装修材的 热传导率 [W/(m·K)]	大小 (mm)	配管 间距 (mm)	铝箔 [厚度（mm）]	结构图	备注
板 A	整体性	12 mm （−）	0.124	606×2 718 （5 块）	75	板的底面 （0.05 mm）		市售品
板 B	隔离型	12 mm （3.5 mm）	0.205	585×3 000 （5 块）	75	装修材· 板之间 （0.08 mm）		市售品 专供温水 HP 生产
板 C-75mm	隔离型	24 mm （12 mm）	0.117	585×3 000 （5 块）	75	同 B		市售品
板 C-50mm	隔离型	24 mm （12 mm）	0.117	585×3 000 （5 块）	50	同 B		配管间距 研究用试样
板 C·铝无	隔离型	24 mm （12 mm）	0.117	585×3 000 （5 块）	75	无		铝箔研究 用试样

（a）

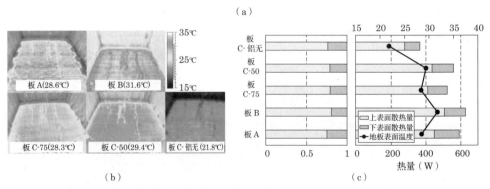

（b）　　　　　　　　　　　　　　　（c）

*为了通过热泵的ON/OFF控制消除影响，热源要使用恒温循环装置

图3.6 温水式地板供暖用板的规格（a）以及热影像（b）与放热量（c）

用板分为面板与热板分开的隔离型与两者成一体的整体型两种，室内空气与地板材的表面接触吸收部分温水的热量，流经地板下面的热水温度下降，而室外机的再加热弥补了降温部分。此时的放热性状，与装修材厚度及导热率、配管间距、有无使用促成同样散热的铝箔等条件的组合而有所不同，装板部位的设计是很重要的一环。根据板的种类，其上表面的散热量这一结果、即可实现的室温也有很大区别。

　　人工环境实验室（东京大学内）在送水温度40℃这一常态条件下测定了地板装修材的表面温度及放热量，其结果[4]（**图3.6**）表明，薄型装修用板（**图3.6**中的板B）显示出最高的地板表面温度，与使用厚板相比，表面温度的波动很大。出于兼顾适宜的地板表面温度与均匀分布这两方面的目的，可以看出配管间距小的地方既维持表面较高温度，又避免了温度波动的倾向（**图3.6**中的板C-75mm和板C-50mm的比较）。以地板下实施可靠的保温为前提，如使用放热效率高的板，送水温度就不会过高，可以提高节能性。

【文　献】

1）リンナイ株式会社：ホームページ
　http://www.denki-yukadanbou.com/
2）株式会社東電ホームサービス：ホームページ
　http://home.kths.co.jp/ad_top/ad_yuka/ad_yuka_pomp/yuka_pomp.html
3）財団法人建築環境・省エネルギー機構：既存住宅の省エネルギー改修ガイドライン，p.154
4）金秀耿，金田一清香，他：温水ヒートポンプ床暖房システムの適用可能性に関する研究（第1報）床暖房パネルの放熱特性，空気調和・衛生工学会学術講演会講演論文集（2008）

3.3　考虑蓄热供暖

1　蓄热式地板供暖

　　温水式地板供暖处在电源断电的情况下，即使地板表面温度下降，由于水体自身的热容量，其温度并不会很快下降。供暖也好制冷也罢，都是缓慢进行，温水式地板供暖从脚下开始为人输送温暖，这不正是它的可取之处吗？而且，从利用电能的角度，由热容量的增加所促成的蓄热，还可以更具经济性地加以运用。比如，利用早上起床之前的深夜电费时间段送热水用于蓄热，于改为较高的日间电费的早7时以后切断电源，夜间已完成蓄热的热量仍可以暂行供暖。像这样长时间供暖也不难做到，所以，越是长时间在宅滞留的生活方式，潜在获益就越多。

　　这种蓄热式地板供暖大致分为显热型和潜热型两种。显热型以混凝土及水等为蓄热体，是过去沿用下来的方式。在这方面，最近潜热型的使用也时有耳闻。混凝土等显热蓄热材在成本上比较划算，但是重量很大，一般木结构住宅2层以上部分在适用性上比较严格，不过，如采用重量轻、体积小又具有较大蓄热容量的潜热蓄热材

（PCM：Phase Change Material），应该可以充分保证蓄热量。

各种类型中，不仅热水蓄热，利用直接增益方式把白天的太阳光热用来蓄热，可以提高地板供暖系统的节能性、经济性，其长处还在于能保持一整天室温的稳定。

> **潜热蓄热材料（PCM：Phase Change Material）**
>
> 物体由固态变为液态时会吸收热量，而由液态变为固态时会释放热量。蓄热时所期待的正是热的释放。潜热蓄热材料处于熔点附近时，放出热量之前可以较长时间维持相变温度（熔点温度），这是它的一大特性。这种热的吸收与释放的特性，依构成潜热蓄热材料的物质（有机类、无机类）以及相变温度的不同而有所区别。

② 潜热蓄热式地板供暖

潜热蓄热材的相变温度恰到好处地对应到舒适温度带（20～30℃）上，即使处在

蓄热材料	PCM	与混凝土①相同的热容量	与混凝土①相同的体积	无	PCM	PCM	PCM	PCM	PCM	PCM	PCM
地板龙骨	钢板	–	–	–	钢板	木材	钢板	钢板	钢板	钢板	钢板
配管间距（mm）	20	20	20	20	40	20	20	20	20	20	20
PCM类别*1	A	–	–	–	A	A	B	C	B	C	A
相变温度上/下（℃）	20/30	–	–	–	20/30	20/30	20/30	20/30	30/30	30/30	30/30
重量（kg）	20	83	12	2	20	18	20	20	20	20	20
厚度（mm）	70	150	23	12	70	70	70	70	70	70	70

试件面积：0.24 m²（40 cm×60 cm）
*1 PCM是对特性不同的3种类型进行的试验

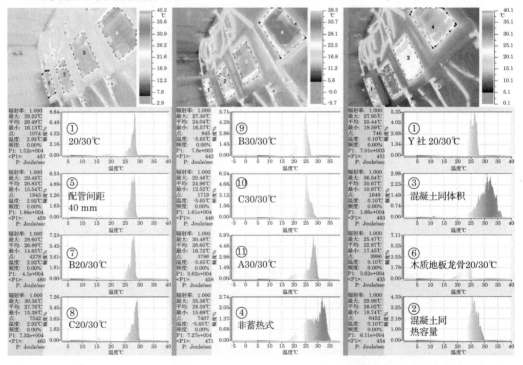

图3.7　以潜热蓄热式地板供暖用板的最佳设计为目的所做的掌握特性的试验实例（上层）及其放热状况（下层）

热水与日照热切换的时间段内，也同样可以得到温度不至于很低的长时间放热。为此，含潜热蓄热材料用板的整体设计就很重要了。而潜热蓄热材料的类型及影响蓄热、放热效率的板结构等要素都促成它的复杂性。

适合温水蓄热和日照蓄热的板结构规模方面的研究结果如**图3.7**所示，只用温水时，建议使用适合木结构住宅的潜热蓄热式地板供暖用板的如下方式。首先，结构上要着眼施工方便的材料，采用木质地板龙骨。如以温水或温水加日照为对象（假设送水温度35℃），木质地板龙骨间用铝传热板围起来的潜热蓄热材按2层设置。抓住潜热蓄热式地板供暖用板的整体传热这一目标，采用铝板包覆潜热蓄热式材料的结构。由于利用了上下两个方向的潜热蓄热材的潜热，下方维持现状，上方潜热蓄热材料的相变温度25℃，下方为30℃。另外，如果实际可实行全靠日照的蓄热，一层使用25℃潜热蓄热材料也可以（**图3.8**）。详情可参照公开文献[1]~[3]。

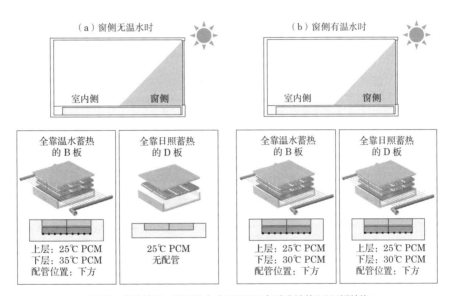

图3.8 实验结果：利用温水或日照适于各种方法的PCM板结构

另外，从蓄热式地板供暖用板的整体来看，与150mm混凝土相比，在同等以上的蓄热式地板供暖效果的情况下，体积可减少50%，重量可减少75%。

【文　献】

1）梶井浩史，川島宏起，他：ヒートポンプと日射利用による快適性の高い省エネ型蓄熱式床暖房の研究開発-その4.潜熱蓄熱式床暖房パネルの最適設計を目的とした特性把握実験の概要，日本建築学会大会学術講演梗概集（北陸）（2010.9）
2）川島宏起，金　秀耿，他：ヒートポンプと日射利用による快適性の高い省エネ型蓄熱式床暖房の研究開発-その5.潜熱蓄熱式床暖房パネルの最適設計を目的とした特性把握実験の結果，日本建築学会大会学術講演梗概集（北陸）（2010.9）
3）中川あや：ヒートポンプと日射利用による快適性の高い省エネ型蓄熱式床暖房の研究開発-その9.日射取得環境下における潜熱蓄熱式床暖房パネルの特性把握実験，日本建築学会大会学術講演梗概集（関東）（2011.8）

3.4 怎样调控温度波动

1 温度波动的控制

制冷比供暖表现更严重一些，原因就在于温差换气驱动，还有冷槽造成脚下受凉的原因。人体对冷热有不同的耐受程度，基本上按照头冷足热分布。从保健、舒适性及工作效率方面考虑，都是尽量避免双脚周围空气以及地板表面过凉。比如夏天，空调器吸入居室上方的热空气时，房间温度还不能马上降下来，这就要超常地为房间降温，电力消耗也因此增加。

供暖时也是同样状态，只是身体半边暖和了起来，而另一边仍然很冷。这种现象依顶棚高度、冷暖空调器的设置位置而影响程度不同，顶棚与地面有5～10℃的温差并不奇怪。尤其顶棚较高的共享空间部位表现更为明显。

如果用制冷供暖设备消除温度的波动，有强制对流和辐射这两种方式。

关于强制对流方式，例如，加强空调风量的方法及设置热风扇等辅助热源的方法，还有利用风扇、循环器、空气清新器把空调的冷气、热风一直送往房间内及邻室的方法，或者通过吊顶扇搅拌等方法（参照3.5节第1项）。总之，身体对气流敏感时，体感温度会下降，不过也有人喜欢气流感受，人们的要求各不相同，对此应引起注意。出风口散布在各室，可削弱各出风口的气流感，又可以消除住宅整体的温度起伏。

而辐射方式中对地板供暖（参照3.2节、3.3节）的利用不会造成气流感，这种方式已经很普及。壁挂式辐射制冷供暖空调也有一定效果，基本上容易形成温度的上下分布，由于单一方向的辐射，所以采取分散设置还是与其他装置组合设置是需要着重考虑的。另外，通过窗帘降低窗面的冷辐射也是一种很有效的方法。

其他还可以通过改装建筑物外墙隔热层，把靠近地面、墙面的温度保持在室温水平，这也是消除室温波动的一个方法。

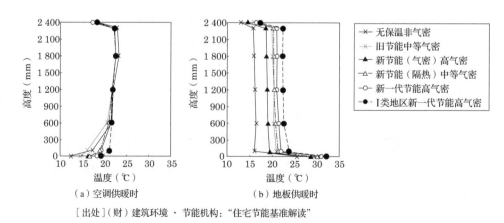

[出处]（财）建筑环境·节能机构："住宅节能基准解读"

图3.9 空调器供暖与地板供暖时房间的上下温度差（温暖地区·冬季）

通常外墙造成的热损耗较多，供暖居室内墙面如果是冷墙就会加大室内的上下温差。对此，通过提高保温性能可以明显减少温度波动（**图3.9**）。

2 利用CFD的室内热解析

一般空调用热负荷计算，可以算出代表居室整体的热负荷、室温、表面温度等，但是无法用于研究涵盖房间整体的温度分布。不过近年来计算机技术的发展，网络的普及以及方便使用的软件的开发等，使得CFD（Computational Fluid Dynamics）在普通电脑上也可以应用了。CFD的应用把空调方式、出风口与进风口的设置、窗口周围的温热、气流性状、房间温度分布等方面的研究都变为可能。使用空调和辐射板时，居室内垂直温度分布情况的CFD计算结果示例如**图3.10**所示。

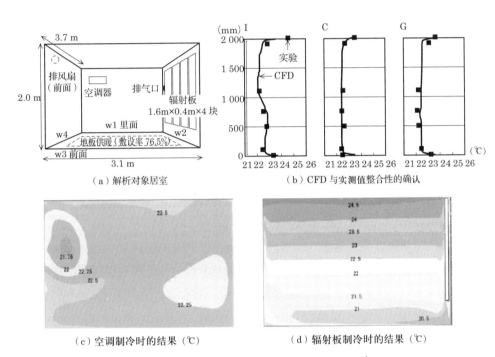

（a）解析对象居室　　　　（b）CFD与实测值整合性的确认

（c）空调制冷时的结果（℃）　　　　（d）辐射板制冷时的结果（℃）

图3.10　CFD对居室内垂直温度分布的计算结果[1]

以往的CFD只是部分专家掌控的领域，如今在空气调节·卫生工学会的"CFD·BIM部件化小委员会（主任：柳原隆司）"主持下，在空调用出风口、进风口等各种特性实现部件化的过程中，正在推行CFD部件用于计算的标准化、规范化[2]。具体来讲就是，一般的设备设计者也需要事先在CFD的空间对包括专利在内的空调部件做推广、降价，即切实地迎来实行CFD计算的时代。

【文　献】

1）高瀬幸造，赤嶺嘉彦，他：各種暖冷房機器による室内温熱環境のCFD解析，空気調和·衛生

工学会学術講演会講演論文集（2009）

2）河野良坪，石崎陽児，他：建築環境 CAE ツールにおける BIM 連携化と CFD パーツ化に関する研究開発，空気調和・衛生工学会論文集 No.174（2011.10）

3.5　搅动空气

1　搅动室内空气的方法

每逢制冷或供暖的季节，家电商就会打出电风扇、循环器的推销广告，电风扇配合空调使用可以提高制冷或供暖的效率，不过其实际意义还需要认真考虑。

先说电风扇、循环器这类小型设备，以及吊顶风扇，它们的共同点是通过电机转动扇叶在室内形成气流，但气流的质量有很大区别。

电风扇、循环器的小型扇叶直径数十厘米，紧凑而可移动，有插座的房间都可以使用。而吊顶风扇中的较大规格直径可达1m以上，装在顶棚上有种视觉冲击感，还有很多出于装饰性的爱好。

2　什么是气流性状、能耗？

电风扇、循环器是通过高速旋转小风扇，产生直射出去的强风，吹到人体后即可给人以凉快的感觉。而吊顶风扇其大扇叶以每秒1～2转的转速转得较慢，可以说是按照在室内形成较大空气流动设置的，就将其理解为经常在室内制造和风这么一种过程就可以了。

下面再看能耗方面。一般的电风扇耗电再大也就40W左右，有些机种弱风运转时可限定在10W。相比之下，吊顶风扇并不会因其大小而增加耗电量，这种机型以10～40W为主流。空调器的耗电量数百瓦，到高峰时可高达1kW以上，可见电风扇和吊顶风扇耗电量很小。电风扇是季节性家电，换季时即转入壁橱进入休眠期。但是，吊顶风扇却全年固定在住宅的顶棚上，春秋季等天气比较稳定不需要特别感受气流的时期，不用开动也完全可以。如果仅仅为了吊顶风扇转动时那种景致，一个月开动一次，那么40W×24h×30d÷1000=28.8kWh，即每月发生约660日元（23日元/kWh）的能源消费，可见仍需引起注意。

3　搅拌室内空气的效果

有关吊顶风扇的效果，介绍一下对消除共享空间里上下温差所做的测试案例。**图3.11**是"箱之家124"（设计：难波和彦+界工作室）的实测结果。

这座住房在贯通2层的共享空间里采用大型板式制冷供暖设备，夏季以板式制冷为主要空调设备使用。但是，入住后发现上下层有温差，二层给人感觉很热，为此，于第2年在共享空间上方设置了吊顶风扇，使上下温差得到了缓和（**图3.12**）。虽然一层温度有少许上升，但居住者反映"因空气有流动，感觉还算舒适"。

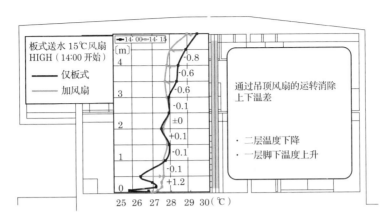

图3.11 共享空间上方的吊顶风扇（强运转）缓解上下温差的效果（箱之家124的夏季实测结果）

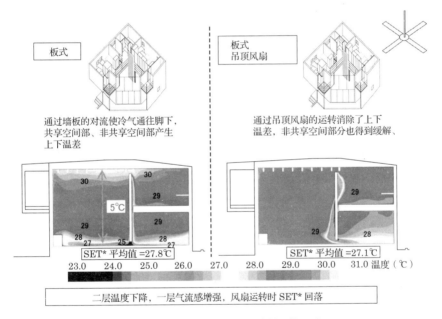

图3.12 有无吊顶风扇温度分布情况的区别

3.6 防止冷空气流通

1° 冬季的问题出在窗面！

　　冷空气的流通，与冬季的供暖与否无关，到处都有冷气袭向脚下，因此给人寒冷感觉。东京大学前研究室对此做的实测案例如**图3.13**所示，在共享空间部分设有大开

口的住宅内，尽管设有地板供暖，可还是测出脚下温度很低。地板供暖的热量虽然
会使暖气上升，可是寒冷的窗面使室内空气变冷，空气的对流造成脚下温度下降的
现象。

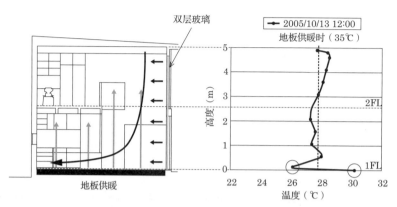

图3.13　箱之家108的冷空气流通示例

2 防止冷空气流通的方法

特别是推拉窗的窗口等位置附近，缝隙较多，因漏风使冷空气进入室内。因此，
对窗户保温性能的强化，选择不会变形而避免漏风的门窗等也是有效措施。关于窗户
保温性能的强化可使用双层玻璃、充入氩气的玻璃、真空玻璃等高档玻璃，导热性较
差的树脂制、木制门窗的采用也有助于保温。此外还有一个简便方法，在窗内侧挂
窗帘及装设卷帘、屏风等，将空气分出层次，削弱冷空气的流动。这样一来，窗帘、
卷帘一直垂落到地面及窗台上，气流就很难流入室内了，进一步提高保温效果（**图
3.14**）。

另外，窗下设散热器等供暖设施，也是消除冷气流的一种方法，尤其北海道等地
比较常见（**图3.15**）。

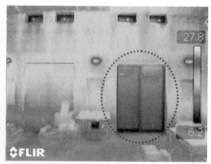

（a）设有卷帘　　　　　（b）没有卷帘

图3.14　利用卷帘缓和表面温度，削弱冷空气（笔者摄影）

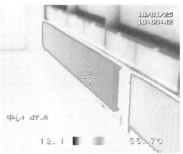

图3.15 北海道利用散热器削弱冷空气的方法（笔者摄影）

3.7 对热水需求的把握

1 热水供给可利用供暖的热源？

住宅中因热水供给产生的能耗有很多调查实例。温暖地区很多地方利用供暖供热水，不过，各种用途中在热水供给上能耗最大的住户始终不在少数。供暖仅限于冬季使用，而热水全年都要使用，每年都消耗大量能源。住宅的节能往往只盯在供暖、制冷上，其实热水供给方面的措施同样不可或缺。

2 热水消费的实际情况？

适当把握热水消费的住户很少，"像水一样"使用的结果，或许最终导致头脑中就让它"痛痛快快地流"吧。**图3.16**为不同家庭人口的住户平均热水用量调查，从各住户的平均值来看，一个人的住户每天约消耗180L，并按家庭人口数依次增加：两口人家庭约300L，3口人家庭约400L，4口人家庭约450L。普通浴盆装满水约180L，4口人家庭要用2.5个浴盆的热水。

从一个人的用量来看，4口人家庭人均只有112L，而1人住户仅1人就要用180L，可见人口少的住户热水用量反而增多。过去那种大家庭一家人在浴池中一起洗澡的习惯，从热水消耗量的观点来看，是非常节省的。现在一两个人的小家庭越来越多，作为今后热水用量增加的一个主要原因值得关注。

其实，相同的家庭人口其热水用量的实际状况也有很大区别，从一、两口人与三、四、五口人的家庭热水用量的比较来看，低于平均数的住户中大多数处于同样水平。一、两口人的家庭中每天用量在500L以上的与4口人家庭中同样用量的户数相当，可见热水节水意识的提高也是非常重要的一环。

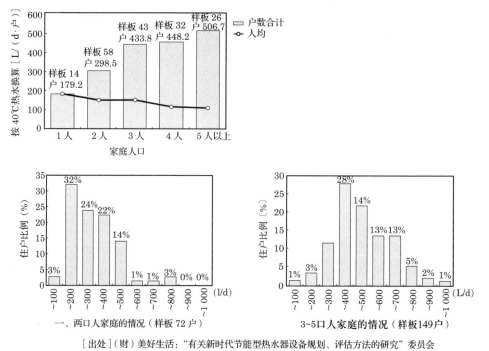

[出处]（财）美好生活："有关新时代节能型热水器设备规划、评估方法的研究"委员会

图3.16　住宅热水用量的分布（按年平均40℃热水换算）

❸ 你家使用多少热水?

自己家里使用多少热水是一项需要很好把握的重要内容。正确计测热水用量需要详细测量流量和温度，工作量往往都是很大的。比较简单易行的方法可通过自来水表的读数值来推定。水表的读数值通常显示的是两个月的流量，热水用量一般占其中的一半左右，如果两个月用水60m³，它的一半就是30m³的热水，两个月即60d，1d的用量为：30÷60=0.5m³=500L。若将电表与煤气表并用，还可以做更详细用途的推定，不过过程比较复杂一些，这里就不做介绍了（输入光热水费的读数值评估建筑能耗水平的方法有很多提案，其中日本建筑师协会提案的JIA环境数据表等比较简单）。

另外还有一个方法，可以使用带有显示功能的热水器。最近，热水器已经很高端了，机器内部有详细的流量、温度计测，因此，可以遥控操作显示当天的能耗（**图3.17**）。对于人口较多，用水量非常大的家庭，首先要致力于削减热水用量。热水的节约使用不仅表现在电费和燃气费的节省，自来水的水费也会同步减少，实际性价比很高。热水供给的节能，首先还是由节约热水来体现，"节约热水"是关键。

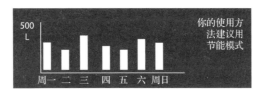

图3.17 最近的热水器可遥控显示热水用量

3.8 热水器的选择

1 热水器形式的选择

在考虑热水供给如何节能的基础上，对节水也同样需要重视，那就是采用高效热水器。热水供给时直接消耗大量能源的就是热水器，其高效性是不言而喻的。

热水器的形式过去按锅炉和烧水壶等不同功能分类，目前多按不同燃料进行分类。一个时期以来燃气快热式由于其既省空间又有很强加热能力，因此得到了广泛应用。最近上市的很多新机种带来了更多的选择，其中高能效这一点尤其引人注目，它就是热泵热水器（昵称：爱科魁斗）。

热泵（HP）是空调装置等制冷供暖机器常用的高效热源，通过动力压缩冷媒将热量输送给集热部或散热部，可以得到（移动）高于所耗电能的热能。以往R410A等替代氟利昂（包括R22等译注）的冷媒被广为使用，但不足在于无法达到高温供热水的要求。作为新冷媒而令人瞩目的CO_2，在高温加热上是强项，与热水器在性能上正相宜，家庭用热泵热水器都采用CO_2。一般CO_2HP加热的热水温度（HP出口温度）为65~90℃。热泵虽然高效，但快速加热性能较差，热水供给之前需要准备贮存装置存蓄热水。加热时通常安排在廉价电费的夜间进行，以求实现更低的运行成本。

2 热泵热水器的热能效率

热泵热水器，靠电力驱动压缩机，从大气中获取热量生产热能。如**图3.18**中示例，相对于为热水器投入的电力"100"，从空气中获取的热是280，其间所生产的热量是100+280=380，即使将水箱的热损耗设为20%，仍可以生产相当于305热量的热水。这种情况下，对于305的热水供给热量只用了100的电，所以效率高达305÷100=3.05，对消耗的电力而言得到的是更多的热。

但是，这一电量是按二次能源换算得出的，是发电厂发电后的纯粹电能。发电厂有自己限定的发电效率，发电时燃烧燃料所产生的热量中只有一部分转换成电力，因此完成指标就需要更多的热量。此时，发电厂消耗的热量就叫作一次能源。

电力、燃气和燃油做横向比较时，通常用一次能源的换算进行，目前现状是生产1kWh（3600kJ）的电力需要9760kJ的一次能源。因此，二次能源100单位的电力按一次能源换算就相当于9760÷3600=271，**图3.18**中一次能源的投入量为271（=100×9760/3 600），一次能源的效率就是306÷271=113%。这样算下来一次换算效率比二次能源数值低，可是仍然比以往的燃烧式热水器的80%要高得多。热泵式热水器之所以被看好，主要原因正在于此。温暖地区由于户外温度高易于从大气中集热，所以很容易达成高效率。下面是选择热泵热水器需注意的几大要点。

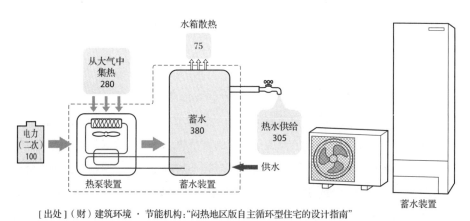

[出处]（财）建筑环境·节能机构："闷热地区版自主循环型住宅的设计指南"

图3.18　CO_2热泵热水器的能源流程

另外，以往采用电力方式的电热水器通常都是以加热器为热源，100单位的二次能源电力只能生产100单位的热。因此，按一次能源换算的效率非常低，应避免采用。

3 贮存热水的水箱尺寸规格选择要适当

热泵热水器装置都是同样尺寸，因此需要选择的就是里面蓄水水箱的大小。按目前三口人以上的家庭来考虑，水箱一般分为300L、370L、460L三种规格，建议3～5人家庭用370L，4～6人家庭用460L，实际上若选370L，一般家庭使用都没有问题。之所以这样讲，首先是因为水箱可以贮存65～90℃的高温热水，使用时还要混入自来水才能达到适宜温度，所以，有很多实例表明可利用的热水要远超出水箱的容量。另一个原因则在于，如果对后述的控制模式有一个适当的选择，每逢热水断档热泵还可以自动加热，实际上不必担心出现热水断流的现象。如选择过大的水箱，平时的过量蓄水很可能导致效率低下。不必过分担心热水断流，适度平衡选择容量很关键。

最近，市场上新上市一种为一、两口之家开发的200L以下的机型，水箱设置紧凑适于租赁型公寓等使用，不过小水箱的机种用热水用量多的时候，不得不增加白天加热时间，运行成本将随之增加，这一点需要引起注意。

4 选择全年热水供给效率（APF）高的机种

热泵的技术革新是一个令人震惊的领域，热泵热水器也在急速向高效方向发展。

从2008年起样本上载有各机种的效率指标，但用的是"全年热水供给效率（APF）"。APF是在设想"IBEC L模式"这种出水方式的基础上，给出了包括蓄水装置的系统整体效率。正如全年热水供给效率这一名称一样，由于考虑了全年户外气温的变化（东京、大阪的平均值）显示全年效率，并且按实际使用做设想因此通俗易懂。APF所代表的效率有显著改善，2008年当时只有3.2左右，到2011年已经高达3.9，成了效率最高的机种。选择热泵热水器时应尽量使用这种APF高的机种。

另外，2011年对热泵效率的标注，将由之前的APF追加洗澡的补水，推行更接近实态的日本工业标准（JIS C9220:2011）中的"全年热水供给保温效率"。从该"全年热水供给保温效率"可以看出，数值越大，1单位电力烧的热水越多，建议选择该数值高的机种。

3.9 热泵热水器的有效使用方法

1 热泵热水器效率的提高

热泵热水器还有可发挥高能效的潜能，但不同的使用者效率上存在很大差异，这是它的一大特点。虽说是装有先进热泵技术的家用机种，可是要发挥其高效率还必须正确使用。

热泵热水器的潜能发挥关键在于"1天中贮存的热水要用完"，亦即按最低限用量贮存热水。"蓄水热量=蓄水量×（蓄水温度–自来水温度）"，控制蓄水热量就是"减少蓄水量"、"降低蓄水温度"，若能保证较少的蓄水热量，则减少了蓄水装置散热造成的浪费，降低蓄水温度（≈HP出水温度）还直接与提高热泵效率相关（**图3.19**），一般热泵的烧水温度在65～90℃，下限65℃是最佳节能状态。

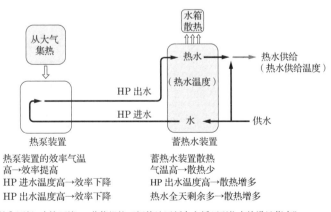

［出处］（财）建筑环境 · 节能机构:"闷热地区版自主循环型住宅的设计指南"

图3.19 热泵装置与蓄热水装置的效率动态

② 热泵热水器的适当设置

"重新烧水模式"可以对热水余量及热水温度进行控制，通过遥控操作很容易选择。由于节能性与减少断水风险之间的平衡，所以每种功能都备有不同的烧水模式。**表3.1**所示为主要烧水模式的名称及其特征，其中的"节能模式"会识记热水用量，把供水量、热水温度控制在最佳状态，实现节能性与经济性的双优，建议尽量多使用"节能模式"。

2008年以前的很多机种初始设置都不在节能模式上，为此建议既有住宅对烧水模式做好确认。而2008年以后出厂的机种初始设置中都有"节能模式"。

白天烧水要比夜间用电支付更高的电费，因此发现很多人从经济性考虑，白天不烧水，而设置为"仅限夜间"的烧水模式，深夜烧好了大量高温热水，散热损耗随之增加，热泵效率低，致使系统整体效率大幅下降。由于效率大幅下降，从经济性来看其节能模式的优势地位也不复存在了。而白天烧水已被取消，因此白天需要热水时就要手动开启烧水，用起来不方便，所以不做这种推荐。

另外，热泵热水器对浴盆做循环加热时效率的显著下降也是一大特征，重要的一点就是尽量避免循环加热。浴盆水温降低时，建议通过兑少量热水来调温。

表3.1 烧水模式的名称与特征

种类	模式名称举例	特征
节能模式 （自主学习控制）	"任选（节制）"、"节约"、"少烧水"、"任选等级1"、"任选节制"、"少用自动"、"推荐"等	·自动识记以往的热水用量，适当控制在符合用户习惯的热水余量上 ·热水蓄水温度尽量控制在下限（65℃） ·剩水减少到一定程度时白天自动追加烧水，因此仅限于实际上发生断水时使用 ·水箱散热少，HP效率提高，因此一般节能性、经济性最佳，极力推荐
烧水中 （自主学习控制）	"任选（中）"、"任选"等	·按以往热水用量情况维持中等程度的剩余热水量 ·稍提高蓄水温度 ·根据需要白天也可烧水 ·与节能模式相比，水箱散热增加，HP效率下降
烧水最大 （自主学习控制）	"任选（多）"、"充分"等	·按以往热水用量情况维持较多程度的剩余热水量 ·热水蓄水温度升至靠近上限（90℃） ·水箱大量散热，HP效率大幅下降，效率最低 ·热水余量减少，所以频繁追加烧水，白天用电增多不利于成本控制
仅限夜间 （往往不采用自主学习控制）	"仅限夜间水量中"、"仅限夜间"等	·仅限夜间用电时间段烧水 ·深夜时间段热水水箱经常是满的 ·热水蓄水温度稍有提高 ·剩余热水减少到一定程度时需要手动追加烧水，便利性稍差 ·水箱散热增加，HP效率下降 ·比节能模式效率低，一般在经济性上相对于节能模式没有优势
仅限夜间最大 （往往不采用自主学习控制）	"仅限夜间水量多"等	·与"仅限夜间中"一样，只在深夜用电时间段烧水 ·深夜时间段热水水箱经常是满的 ·热水蓄水温度升至靠近上限（90℃） ·HP以最高温度供水，HP效率明显下降 ·深夜时间段热水水箱装满，散热损耗非常大 ·因此整体效率很低，不作为推荐使用

［出处］（财）建筑环境·节能机构："闷热地区版自主循环型住宅的设计指南"

3.10 包括水阀、配管在内的系统着眼点很重要

1 住宅热水供给系统的首选

与过去的厨房热水器、锅炉不同，近年来一般住户中心采用的方式是带有热源和配管、末端（水阀）很完备的"系统"。为了节能，不仅要求热水器的高效化，配管上热损耗的降低，如何兼顾水阀的节水措施也都是非常重要的环节。

2 配管的"缩短"

住宅的配管并非循环方式，通常采用先断水方式，热损耗多发生在关阀后至再开阀之前管内残存热水冷却的时候，因此减少热损耗最有效的措施就是把管内的热水存量控制在最低限。为此，首先最重要的是缩短配管长度。特别要注意的是，受热泵热水器设置面积较大的制约，设置场所不能离浴室等对热水需求很大的地方太远。热水管路、浴盆管路如果太长，不仅增加热损耗，而且从开始出水到水温合适等待时间较长，这种使用上的不便也不可忽视。

3 配管方式采用套管的分配器方式

在缩短配管的同时，减小管径，压缩管内水量也是很有效的措施。热水配管方式分为"前部分支方式"和"分配器方式"（**图3.20**）。其中"分配器方式"从分配器到水阀这部分可以减小管径，与前部分支方式相比可减少30%的热损耗。从分配器分支后的管径由原来通常采用13A（内径13mm）的管，现在厨房、洗脸池改用10A（10mm）管的例子已很常见了。厨房、洗脸池并不需要很大流量，建议尽量使用10A管施工。

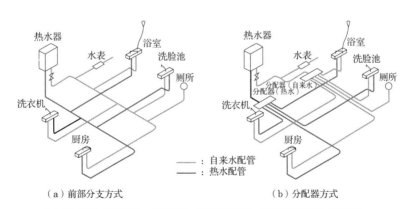

［出处］（财）建筑环境·节能机构："闷热地区版自主循环型住宅的设计指南"

图3.20 配管方式

4 浴盆、浴室的保温

在日本通常使用浴盆洗澡，但浴盆不单单为了盛热水，为防止水温下降还要进行保温、加热，会产生能源消耗。而保温、重新加热又会降低热水器的效率，为此，就需要设法尽量防止水温下降，为浴盆增加有效的保温性能。近年来，通过双层保温来提高保温性能的商品越来越多，建议采用这类浴盆（**图3.21**）。但是，浴盆的热损耗主要来自液面，即便高保温浴盆也需要加盖封闭起来。

5 节水型水阀

如前所述，4口之家的热水用量1d450L左右，比如其中的浴盆部分为180L，其余的不足300L就属于与水阀相关的热水消费了。尤其是淋浴，热水用量更大，在节能这一目的上就必不可少地要压缩水阀这部分的热水用量。从2009年开始，住宅的节能标准（"住宅事业建筑主基准的判断标准"）中有关于节水A/B的定义正迅速普及（**表3.2**），如上，采取了便于止水、最适宜流量等措施。如何不影响便捷性地削减热水用量值得期待。

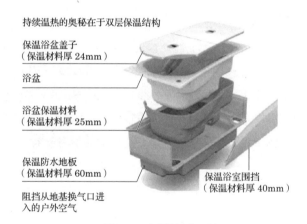

持续温热的奥秘在于双层保温结构

保温浴盆盖子
（保温材料厚24mm）

浴盆

浴盆保温材料
（保温材料厚25mm）

保温防水地板
（保温材料厚60mm）

保温浴室围挡
（保温材料厚40mm）

阻挡从地基换气口进入的户外空气

图3.21　高保温浴盆示例

至于浴盆问题，以最小水量即可满足洗浴需要的浴盆形状设计已经投入生产。不难想象，节水型设备不久也将以各种形式陆续上市，市场有望越发充实。

表3.2 节水型设备的定义

		节水A	节水B	节水AB
厨房	对象商品（例）	无线开关	点射微细花洒	非触碰+ 点射微细花洒 触碰式+ 紧凑型花洒
	条件	手边易于止水操作	最适流量在5L/分以下	满足节水A、节水B的标准
浴室	对象商品（例）	按压水阀 开关花洒	喷射花洒	插拔式花洒
	条件	手边易于止水操作	最适流量在8.5L/分以下	满足节水A、节水B的标准

［出处］（社）日本阀门工业会

第 1 编　节能及 CO_2 减排住宅的设计与验证

3.11　换气设备

1 换气方式的种类

换气分为第1种、第2种、第3种这三种方式（**表3.3**）。进一步还分为管道式系统和每个居室都设给排气的换气系统，它们之间的区别暂且略过。第1种换气方式的给气

表3.3 换气系统的种类（第1种、第2种、第3种）

换气方式	第1种机械换气	第2种机械换气	第3种机械换气
系统图			
压力状态	正压或负压	高于大气压的正压	低于大气压的负压
特征与 适用范围	确保切实换气 大型换气装置 大型空气调节装置	不允许污浊空气 进入清洁室（手术室等） 小型空气调节装置	污染的空气不能排往其他 地方的污染室（传染病房、 WC、喷漆室等）

［出处］《最新建筑环境工学修订第3版》，井上书院

侧、排气侧两侧都设有换气扇，这部分居室可以切实得到新鲜空气。第3种换气方式是在排气侧设置换气扇，住宅普遍采用这种方式。

2 换气路径 设备选择

关于换气路径及设备的选择可列举以下一些要点。详细说明可参照"自主循环住宅的设计指南［（财）建筑环境·节能机构］"。不管怎么说，对于计划的换气路径，如前述"高气密化"这一前提是切不可忽略的。

·有可能不使用自然给气口的排风扇周围应注意冷气流的存在，设法远离居住区，尽量避免给气时造成冷气流的感觉。不使用风扇的时候要采取措施，选用不用时可关闭的带缓冲室的管道（**图3.22**）。

图3.22 冬季换气扇关机时冷气侵入的情景（笔者摄影）

·设置居室风扇时要注意噪声，采用消音型管道及通气孔加盖等。

·送风的空气勿经过居室，直接做排气处理，以免出现"捷径"现象。

·留意对风扇的维护，换气扇、网罩、过滤器等换气部件的污渍会增加电耗，按热交换换气使用时还有降低热效率的不良影响。为此，要把设置位置考虑好以便于过滤器、换热元件的检修维护，同时将清扫的必要性传达给用户也很重要。

·管道式要求粗、短是基本条件，路径的设计要围绕减少压力损失这一目的。

·风扇的电耗可用样本确认，DC电机比AC电机的电耗小。风扇比空调器的电耗小，但365d全天运转，所以全年的耗电量仍不可小看。

·给排气也受户外风影响，特别是风上方侧的排气会受阻，使风扇风量明显降低，必须使用大风量换气扇。要考虑为耗电量留出余地，设计时注意对照通风规划。反过来，如果从风上方侧给气，将排气设在风下方侧，则有利于节能。

从**图3.22**右图的温度图示可以看出，换气扇位置温度低，有外界空气进入。为了防止产生冷气流，可设置防冷风侵入的缓冲室等。

4.1 "保温"有多种方法

住宅的节能方法，比如，采用高能效机器设备及太阳能发电，此外还有已是广为人知的高保温、高气密性措施。首先，讲一讲"保温"是怎么回事。

1 身边的"保温材料"

"保温"听起来并没有什么好讲的，这是很多地方都在使用的技术。每天睡觉时盖的被子、冬天外出时穿的防寒服等，直接与身体接触可以帮助我们抵御寒冷。还有电热壶等机械性地防止热量散失的保温措施。

所谓"保温"，可以按"空气不流动"的同义词来理解。热传递分为"传导"、"对流"和"辐射"这三种方式，"保温材料"即用来阻止"传导"、"对流"所造成的热的移动。常见的固体保温材料内部"含有很多用来防止产生空气对流的空隙"（**图4.1**），被子、防寒服则通过填塞羽绒等天然材料、聚酯纤维等人工材料达到保温目的，电暖瓶通过采用暖水瓶结构等方式达到保温目的。

而"隔热"这种方法可有效阻止"辐射"的发生，它有别于上面的"保温"措施。比如，夏天受太阳辐射热的影响天气变得很热，在屋顶采用隔热措施就可以有效遮挡这些辐射热。屋顶如涂装高反射涂料，屋顶外表面不易升温，有望降低空调负荷（但依不同地区及建筑标准有时也会增加供暖季节的负荷，使用时应给予注意）

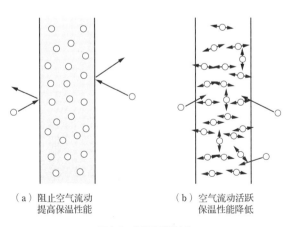

（a）阻止空气流动　　　　　　（b）空气流动活跃
　　提高保温性能　　　　　　　　保温性能降低

图4.1　保温材料结构

② 保温材料种类

玻璃棉、矿棉等工业纤维保温材料用量很大，随着保温施工中用量的增加，这些保温材料自身也在不断地深入开发，陆续有各种产品上市（**表4.1**）。它们的成本、保温性能、不可燃性、透湿性以及施工上的方便程度等都有很大区别，设计者要在了解不同产品特性的基础上选择使用。

表4.1　保温材料种类

材料种类	一般名称
工业纤维	玻璃棉、矿棉
发泡塑料	聚苯乙烯泡沫、聚氨酯泡沫、苯酚泡沫
塑料纤维	PET瓶
天然材料	醋酸纤维、木质纤维、羊毛

③ 填充保温（内保温）与外保温

关于填充保温与外保温（**图4.2**）二者孰优孰劣无法明确判断。要根据设计建筑物的结构、收头选择适宜的工法。例如，钢结构、RC结构等，如果结构件使用了导热材料，形成的热桥就是结露等现象的诱因，为此，推荐使用外保温。而木结构由于其结构件不易导热，只要施工规范，采用外保温或填充保温都可以。从初始CO_2削减的角度考虑，近年来开始转向木结构建筑，采用外保温，而出现在室内、可以确保保温性能的梁、柱这类结构件的设计也不时可以看到。另外，RC结构中为了充分发挥框架部分的热容量而采取外保温措施，这种蓄热效果也值得期待，可将室内温度变化控制在最低限。根据采用方法的不同，采用的气密性以及可用的保温材种类也不一样，因此可以说最终还是靠适宜的设计和施工来保证。

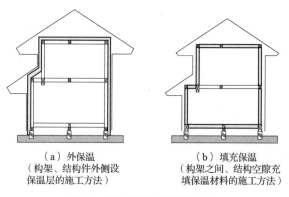

（a）外保温
（构架、结构件外侧设
保温层的施工方法）

（b）填充保温
（构架之间、结构空隙充
填保温材料的施工方法）

图4.2　填充保温与外保温的区别

4.2 如何免遭失败

1 保温·气密施工基础

有一个表示建筑物保温性能的指标叫作热损失系数（Q值），当室温比户外气温高1℃时，以时间为单位，室内向室外散失的热量用面积去除，所得的商就是Q值，单位写作[W/（$m^2 \cdot K$）]。该值越小，室内热越难以散失，也就是保温性能越好。节能标准中根据不同气候把日本全国划分为6个地区，以各自的Q值基准值为依据（**表4.2**）。与欧美的基准值相比，日本目前的值较大，就像最近出现的"Q1住宅"等说法一样，高保温化已广为人知。

表4.2 Q值（热损失系数）的基准值

地区划分	I地区	II地区	III地区	IV地区	V地区	VI地区
Q值 [W/（$m^2 \cdot K$）]	1.6	1.9	2.4	2.7	2.7	3.7

保温、气密性施工两条铁的原则就是"不要中断"、"能排出湿气"。保温和气密如果有中断处，就会有大量热及湿气发生移动，给建筑物带来不良影响。另外，使用对外侧具有良好抗湿性的材料，即湿气难以透过的材料，墙体内就很可能发生结露。即便做填充保温、外保温处理，在决定建筑物具体的保温、气密收口时，这些问题也同样应予以注意。

2 失败实例（其1）：保温、气密欠缺

钢结构、RC结构等要有防止热桥的详图。一般情况下，采用外保温不易形成热桥，而按内保温处理则必须格外注意，与户外连通的结构件其保温处理要尽可能地安排在室内进行，这也是可行措施。由于室内侧有结构件插入，因此仔细认真地施工非常重要。

关于气密处理问题，用玻璃棉等纤维保温材做填充保温时，要用防湿气密膜把室内侧遮盖起来，这是一大要点。气密膜之间的关键部位要留足空隙，并利用搭接及密封膜严密封闭好。至于袋装的保温材，则要求将每个袋牢固地搭接起来，勿留间隙。在梁、柱均衡方面采取防止户外空气侵入的"阻止气流"施工方法也很重要。最近，保温材料厂家已生产出专用部件，通常的保温材+气密膜等只要正确施工，也可以达到同样效果。另外，采用填充保温时，现场使用发泡保温材料，很容易满足气密性要求，因此，就没必要再做气密膜、密封膜的施工了。

做外保温时，利用密封膜可确保板系保温材的间隙（**图4.3**）。尤其浴室等部位，用于排水的空间只能设在地板下面，保温容易被阻断，因此需给予注意。如果是整体

图4.3 板系保温材外挂保温工法施工示例（箱之家 124 笔者摄影）

浴室，最近出现了整体保温处理的新产品，采用这种整体浴室，节能与热环境都可以得到提高。

③ 失败实例（其2）：无法外排湿气的断面结构

为了防止墙体内结露而采用湿气可向框架外面渗透的断面结构。特别是纤维系保温材料透湿性较差，墙体内一旦出现结露，保温材就会因受潮而剥离脱落，因而形成间隙，影响保温效果。避免发生这种情况的方法，一是保证密封膜的恰当使用，二是采用整体做过防湿层的产品，关键在于严格彻底的防潮施工。

4.3 不同保温情况下的空调负荷

① 保温性能好则舒适又节能

前面就保温的正确设计、施工介绍了一些简单的思路，而实际上较高的保温性能会有哪些益处呢？一般认为较高的保温性能体现在节能效果上，至于能达到什么程度，形成具体印象的人很少。下面在热负荷计算的基础上，对高保温住宅的节能效果加以确认，并借此介绍一下东京大学前研究室制作中的热负荷计算工具。

② 保温性能造成的制冷供暖负荷上的差异

这里首先假设为Ⅳ类地区，case1：无保温（Q值=7.9），case2：1999年标准（等级4，相当于新一代节能基准Q值=2.7），case3：Q1住宅（Q值=1.0）这三种情况。建筑物为10m×10m×2.4m的单间空间，整个南面是与各自保温规格性能相符的窗口（无遮阳）。

结果如**图4.4**所示，供暖负荷case1 44.7GJ/a，case2 10.7GJ/a，case3 2.8GJ/a，可见保温性能越高，负荷下降越明显。而制冷负荷方面则无关保温性能的优劣，看不出差别。这里列举的建筑物是现实住户中的个别例子，但从印象上可以表明保温性能与

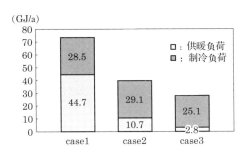

图4.4　保温性能造成的制冷供暖负荷的差异

负荷的关系。

③　热负荷简易计算工具ExTLA

　　东京大学前研究室利用Microsoft Excel制作了可简易计算热负荷的工具。这种叫作ExTLA（Excel Thermal Load Calculation）的工具利用Excel的循环参照功能，时时刻刻地对室温、热负荷等进行计算。Excel已非常普及，几乎所有的计算机都装有Excel，确实可以简易预测室内环境，该工具实现了这一意图。

　　这一工具不仅可以计算夏季、冬季的室温，不同建筑物的使用、内部发热的场合会发生哪些变化也可以简单地进行模拟。**图4.5**、**图4.6**所示为同一保温规格下木结构与RC结构对不同热容量的室温变化所做的计算。因使用Excel做循环对照等情况，实际计算时间会延迟，全年的负荷计算等仍是一个课题，虽然尚处于开发之中，但东京大学的设计课程已分发给听课生，设计中可作为实用工具加以利用（发送对象：参照http：//labf.t.u-tokyo.ac.jp/index-j.html）。

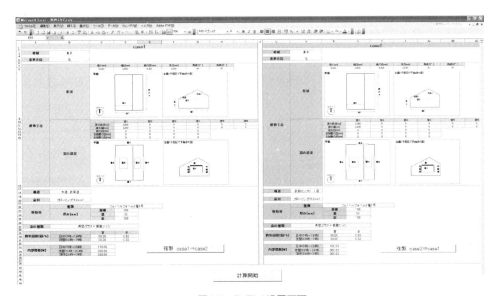

图4.5　ExTLA设置画面

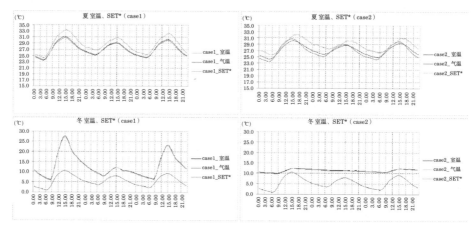

图4.6　ExTLA计算示例

4.4　不可忽略窗户的保温、隔热

1　窗户是热量出入频繁的部位

上一节内容对不同保温规格的节能效果进行了比较，做了忽略有关来自窗户的日照获取、遮阳效果的研究。冬季的白天从窗户获取的日照有降低供暖负荷的作用，可是夜里室内热量又会从这里大量散失。另外，夏季白天若放任日照的进入还会增加制冷负荷，为此，做设计时就要注意不同季节日照热量的获取与遮挡。

2　如做高保温夏季会很热吗?

图4.7对4.3节中的结果和窗户上方的窗檐板做遮阳设计的效果做了描述，不难设想，使用空调时也可以降低50%的制冷负荷。夏季通过隔热避免阳光进入室内是很关键的一条，具体手法如**图4.8**所示，加设窗檐、遮蓬及百叶窗等都很有效。值得

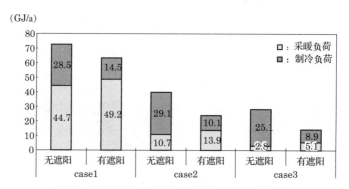

图4.7　南向窗上方设有窗檐板时制冷供暖负荷的比较

注意的是，午间太阳位置较高可凸显窗檐、遮蓬的作用，而东西向由于太阳高度的降低，窗檐、遮蓬的遮阳效果会明显下降，采用外设遮帘等可有效遮挡日照。要根据窗户的方位，变换采用适当的遮阳装置，设计时应注意不同时刻窗口光照程度的变化。

（a）遮蓬

（b）外设遮帘

图4.8 遮蓬、外设遮帘（全封闭）

③ 冬季获取日照有效吗？

再重新看看**图4.7**，如果注重于供暖负荷，装有遮阳时减少了日照，势必要增加供暖负荷。寒冷季节的晴朗的白天，通过来自窗口的日照可以减轻供暖负荷。尤其是冬季日照充足的地区，建筑物内部有混凝土结构+外保温，白天可从窗口收集热量，即使日落以后，凭借蓄热效果仍可以保持室内温暖，这些措施都很有效（当然，这类地区的住宅夏季较热，还必须慎重考虑对日照的遮挡规划）。

4.5 "气密性"重在何处?

■ 不具备气密性带来的问题

表4.3指出了气密性的四大效果。

表4.3 气密性的四大效果

[出处]（财）建筑环境・节能机构:《住宅节能标准的说明》

（1）削减漏气造成的热负荷

如果气密性差，就会因漏气而增加热负荷，尤其是室内外温差较大的冬季，漏气更严重。**图4.9**是对相当缝隙面积会产生多大的漏气量所做的计算结果[1]。所谓相当缝隙面积，指建筑物整体的缝隙面积用建筑面积去除所得的值（单位：cm^2/m^2），该值越小意味着气密性越好。测算假设户外气温为0℃，室温为20℃，建筑容积276m^3（建筑面积120m^2，顶棚高2.3m），求1h室内空气与户外空气有几次交换（换气次数，单位：次/h）。

如图所示，漏气量随着缝隙面积的加大而增加，相当缝隙面积为7.0cm^2/m^2时，换气次数约0.5次/h。按建筑基准法规定的整体换气设备换气次数为0.5次/h考虑，已经是不小的数量。

（2）确保保温材的保温性能

墙体内若与外界连通，墙体的保温性能即下降（参照**表4.3**）。如下一节将讲到的

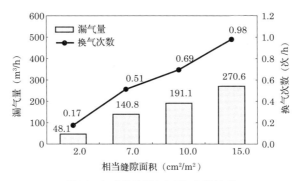

图4.9 相当缝隙面积与漏气量的关系

那样，建议根据需要为墙体内做阻断透风等措施上的设计。

（3）防止墙体内结露

室内潮湿空气如进入墙体内，保温处理等部位往往会产生结露（墙体内结露）。一旦出现这种情况，不仅有损保温性能，还可能出现发霉、腐蚀等更为严重的问题。

（4）实现按计划换气

住宅中厕所、浴室的排风扇，多采用设在各居室自然给气口的第三种换气方式。如果建筑物气密性较差，会无意间从缝隙处进气，各居室的给气口因此可能失去应有功能，从而导致居室无法导入新鲜空气，丧失原有的换气功能。

对于（1）～（3），印象中因气密性差造成的危害一般都有所认识，但对于（4）由于看不到空气的流动，很难有体感。最近，"环保住宅"中从框架到地板下面都可以送暖风或冷风，有些设计还带有室内循环，这些均以"密封"设计、施工为大前提。比如，OM太阳能之类的屋顶可以把晒热的空气经由地板下面传送给居室，在这种场合，若不能保证基础、地梁之间的气密性，好不容易收集起来的热量就会散失掉。较高的气密性在实现"热性能的确保"、"框架的持久"及"如愿的换气路径"方面，都是非常重要的条件。

【文　献】

1）澤地孝男，他：関東地域に建設された木造戸建住宅の気密性に関する実態把握及び漏気量推定，日本建築学会環境系論文集，第 580 号，pp.45-51，2004 年 6 月

4.6 "气密性"的施工要点

■ 关键在于不要"留缝"

气密性施工的要点在于接合部的严密处理，以下列举几条具体注意事项。

· 墙壁、地板、顶棚（屋顶）、开口部的接合状态，检查、排除漏气的地方。

· 密封膜之间用胶带或密封胶牢固封闭起来。

· 板状保温材的接缝要用胶带严密封好，不留缝隙。

· 配管、管道、插座盒等通透部位的周围要用胶带、涂层或专用气密处理等堵塞缝隙。

· 窗户、玄关门这类难以密封的部位较多，现场的门窗安装程度、窗口的调整也需要注意。

住宅的建筑物性能，很大程度上取决于使用的保温材、机器设备等相关"规格"。但是，对于气密性则完全取决于施工方法是否正确，很大程度上受制于施工人员的技术水平，对此必须充分注意。上述几点在设计、施工图纸上都明确标注有施工方法，为现场负责施工的工匠等准确传达这些信息，供其消化理解是很重要的一项内容。至于气密用部件基本上由专业保温材料厂家生产，其样本上往往都有施工方法的详细说明，这些信息，设计者、施工者都要充分注意。

图4.10、**图4.11**为施工时的气密处理实例，**图4.12**是冬季拍摄的推拉式玄关门的

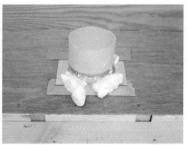

图4.10　穿透外墙的配管、管道部位的气密处理可用胶带、发泡剂保温材料把缝隙充填起来（HOUSE BB笔者摄影）

图4.11　窗户周围接合处等复杂部位在施工方法上要格外注意（HOUSE BB笔者摄影）

25.0°C

15.0°C

图4.12　冬季拍摄的推拉式玄关门的实例（笔者摄影）。结构上属于难以保证气密性的产品，可见户外空气很容易侵入

热像影像。图中发黑部分表明有户外空气侵入，温度变低。还可以看出户外空气从玄关门的门框侵入的情景。

4.7 热环境与能源两者矛盾吗?

1 越是高保温住宅越能显现气密性的优劣

当高保温住宅变得顺理成章时，通过透风降低热负荷，相对而言换气负荷也会相应增加。比如，以图表形式根据Q值的分析结果把透风与换气造成的热损耗的关系表示出来，即**图4.13**所示。对于建筑物，可将其设想为与4.3节同样的状态。

图表一目了然，Q值越小，换气所占比例就越大。case1这种极端的Q值，在对较差住宅的改建上我们认为没有现实意义，但case2与Ⅳ类地区的等级4处在同一性能上，换气负荷为15.6%，保温性能会进一步提高，在case3这种Q1住宅水平上，将近50%的换气负荷。

如使用热交换换气，图表显示的换气负荷变小，不过如果是气密性较差的住宅就无法按计划换气，很可能任由户外空气从意想不到的地方侵入，致使热交换换气无果而终。不能单纯地"凭效果引入机器设备"，要牢记具有可靠外墙性能的住房，再引入可靠的设备，这样做才能得到希望中的效果。

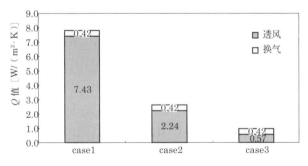

图4.13　漏气与负荷变动比例

2 注意缝隙风

另外，即使高保温住宅，如果某一部位未能重点做气密性处理，当户外空气侵入时，就会吹入冷风。**图4.14**中，由于配管贯通部位上开有与外面连通的孔洞，冷风侵入的情景已被照片和热成像捕捉了下来。从热成像上可以看出冷风侵入的检修口处整体都变凉了，体感也表明有冷风从缝隙吹入室内。针对这一事态，采取了喷涂发泡剂保温材堵塞缝隙的处置方法。

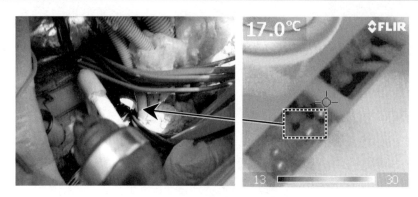

图4.14　配管贯通部位的气密性不足导致户外空气侵入（笔者摄影）

第 2 编　既有楼房的节能改造与实践

为了实现节能目标，根据实际情况研究对策是必不可少的。这一章讲解需要大型设备系统的写字楼与住宅建筑不同的能源管理方法

1.1　建筑物影响CO_2排放量的因素及设备系统的定位

1　日本的现状

图1.1日本CO_2排放量分类中列出了与建筑相关的项目。建筑领域所占比例很大，约40%，其主要原因在于，相对于建设施工等造成的排放量，交工后使用中的能耗所造成的排放要大得多。而且这些能耗中建筑设备的运转占去一大半。所以，论及建筑物的环境负荷的削减，其关键在于如何适宜地使用建筑设备。另外，从图中可以看出，建筑领域内，住宅与写字楼占有同等排放量。

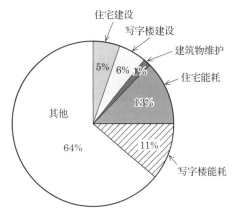

［出处］秋山宏、伊香贺俊治、木俣信行："地球环境问题中建筑学会的
编制与展望"，建筑杂志 Vo1.114，No.1444，日本建筑学会，1999.10

图1.1　日本全部CO_2排放量中与建筑相关的占比

图1.2是以1990年为基准年，主要部门CO_2排放量增减率的变化。产业与运输部门很大程度受过去持续的经济低迷影响，几乎没有增长，但是，与建筑相关的家庭、事业部门已明确显示出增长倾向。所以，建筑在整体中所占比重逐年增加，日本的CO_2减排也面临越来越紧迫的状况。

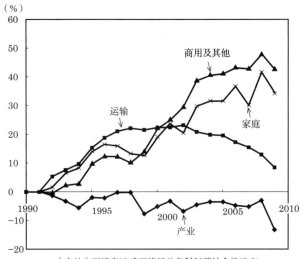

［出处］环境省地球环境局总务科低碳社会推进室

图1.2　日本主要部门的CO_2排放量变化（与1990年比）

2 写字楼能耗明细

图1.3是一个测算实例，表示的是一座6000～7000m^2的中等规模标准写字楼（地上5～7层）的CO_2排放量（$LCCO_2$）及运转成本（LCC）的明细。如题目所显示的那样，与建设施工相比，无论CO_2排放量还是成本，都是交工后投入使用阶段所占比重更大。从经济性角度来看，建筑物的节能·节省资源堪称合理选择。

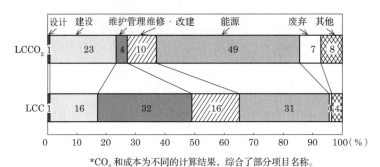

*CO_2和成本为不同的计算结果，综合了部分项目名称。

［出处］伊香贺俊治：建筑物的寿命周期与可持续性设计，《精算研究》，第50卷12号，1998.12（财）建筑养护中心广告资料

图1.3　中等规模写字楼运行成本及CO_2排放量的明细
（设想6000～7000m^2）

图1.4基于以多座写字楼为对象的调查结果，列举了能耗明细的实态数据。有关空调热源机及其热力输送占40%左右，照明约占20%。而关东以西地区的大中型写字楼冬季开空调也是实态。这里以空调（尤其制冷时）·照明占比较大为特征，也是与热水供给、供暖的能耗占先的住宅之间的区别所在。

基于不同大小规模的写字楼全年电力、燃气等消费量数据，推定出的单位面积一

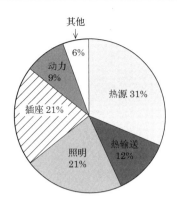

[出处]（财）节能中心广告资料

图1.4 写字楼能耗明细

次能源消耗的出现频率如**图1.5**所示。就以1 600MJ/（m²·a）为基准值，即使同样写字楼的这种用途，其单位面积的能耗量在建筑规模较大的一侧误差也很大。基于这一原单位的能耗量管理，是有效利用其作为建筑物运行的客观性判断资料。

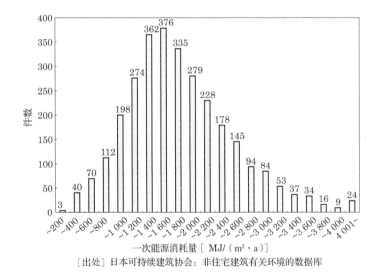

一次能源消耗量［MJ/（m²·a）］

[出处] 日本可持续建筑协会：非住宅建筑有关环境的数据库

图1.5 写字楼单位面积一次能源消耗的出现频率（2951件）

　　这里，写字楼的设备系统根据建筑物的规模决定空调·热源方式等的选择。比如，小规模用分体方式，中大规模倾向于用中央空调·热源系统（近年来，采用分体方式的建筑规模越来越大）。所以，研究空调系统如何适当运用时，该建筑物的规模可作为一个参考基准。**图1.6**来自以多数写字楼为对象的统计数据，其中（a）为不同规模建筑物的栋数，（b）为建筑面积合计在主体中所占比例。从栋数的角度来看，700m²以下的小规模写字楼接近80%，所以，分体方式如何适当安排就成了焦点所在。但是，如改为能源消费量，原单位建筑面积的合计就很重要了，在这一观点上2000m²以上写字楼的比重很大。

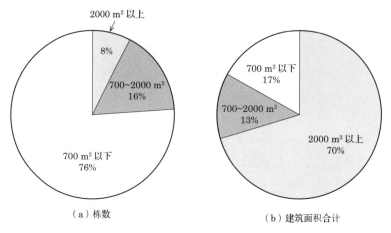

图1.6 从每栋写字楼不同建筑面积的规模来看，栋数及建筑面积合计在主体中所占比例

以上足以说明，本章所涉及的中央空调·热源系统运用上如何正确定位的重要性。

1.2 能源管理所需的系统计测

1 由BEMS获取数据

热源机器、系统的效率随外界气候条件、空调负荷状况等而变化，为了评价热源系统的能源状况，就要收集便于把握全年运转状况的时间序列连续数据。用于分析能耗实态的一些特性数据项目如下：

- ·建筑物整体的电、燃气、自来水等用量。
- ·各种设备的能耗量。
- ·各种设备的运转信息（运转状态、运转模式等）。
- ·各种设备诸条目（温度、流量等）。

为了便于这些连续计测数据的收存，需要通过BEMS（Buiding Energy Management System）进行数据管理。**图1.7**为建筑物热源设备构成的典型实例。这样的热源设备其直接计测的特性数据包括燃气吸收式冷热水机的冷水入口温度/出口温度、流量等。加到这些直接计测到的数据上，如**图1.8**所示，利用系统内各部位的计测数据做间接计算求出诸条目值。比如，燃气吸收式冷热水机的冷水生成热量，就可以用下式来计算：

$$生成热量=（出口温度-入口温度）×流量$$

上述诸条目，按1min或15min等作为计测周期，收集时间序列的数据。接下来，还需要时间序列方向上的计算，从短时间间隔到长周期的时间积分这样一种运算方法。如超出这一单纯的演算范畴，就要把收录到的时间序列数据按后述数据库等另外的处理科目进行操作。

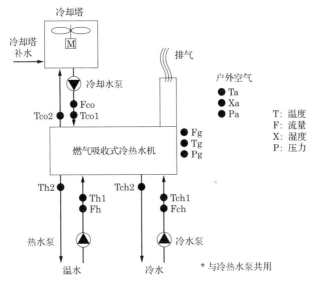

图1.7 燃气吸收冷热水机计测要点示例

时间	入口温度	出口温度	流量	热量
2010/3/1 00：00				
2010/3/1 00：15		计测时间序列		间接计测
2010/3/1 00：30		数据		数据
2010/3/1 00：45				
2010/3/1 01：00				

图1.8 时间序列的数据内容

2 能源管理要求的数据库规格

用特性数据进行分析所需要的数据库（DB），以及对数据管理系统（DBMS）的要求是下面要讲到的内容。首先，作为数据积累及计算功能应具备的基本规格如下：

· 能有效积累时间序列数据。

· 可以从时间序列数据中计算平均时间或积分，其结果可以累积。

· 可进行项目之间的间接计算，其结果可累积。

· 可作为来自外部的文件投入数据，再进一步作为在线数据积累。

其次，作为累积数据的检索功能有如下一些规格：

· 有关指定项目可抽取指定期间的数据。

· 累积下来的项目可以检索。

· 抽取数据时，可指定检索条件。检索条件有数据的时间范围、项目的数据内容条件（数值范围、理论值等），而且不仅同一时间的条件，时间序列方向的值也可以指定。比如，设备运转状态发生变化1h后的数据抽取等。

对抽取的数据进行分析时与软件的连接需要具备如下所述的功能。今后的数据分析，也按基本软件做图表计算，特别是微软公司的Excel使用较多。因此，可通过

Excel抽取、输出数据形式，希望在Excel里面直接进行数据库的检索、抽取。Excel不能做太复杂的分析，可考虑使用专用分析软件。与Excel的情况一样，应采用专用分析软件上可行的输出形式，然后才能从分析软件内部存取。

③ 典型数据库的类型与特征

作为对上述能源实现具体管理的数据库，在众多数据库中具有代表性的如下所示。

首先，可称作数据库的如**图1.9**所示，它由积累数据实态的数据库本体（DB：Database）和具有管理DB功能的软件数据库管理系统（DBMS：Database Management System）构成。

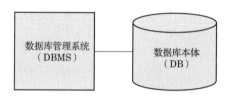

图1.9　数据库的系统构成

首先看它的最基本方式，**图1.10**列举了表格形式的数据库，利用与Excel同样的表格形式做数据管理，通常一行一个记录，记录与记录之间没有结构意义上的关联。由于形式很简单，数据库的所需资源量并不大，这也是其长处所在，但不能从结构上表现，这是其不足之处。

	项目1	项目2	项目3
时间1	1	2	7	←—— 记录
时间2	3	3	5	
时间3	4	3	6	

图1.10　表格形式的数据库

关系数据库，具有如**图1.11**所示的表格形式，**图1.11**则将多个表相互关联地串在一起（关系），所用的数据库目前仍在广泛使用。实际上，同时存在商用、非商用数据库系统。用关系数据库设计数据库时，可将对象信息的整合性与理论性兼顾起来表现，像这样定义数据的记述形式的结构语言也叫速读。

目标数据库，将数据及其处理步骤一体化，是基于目标指向这一思路的数据库结构。从数据结构的角度来看，与前述的各种数据库不同，它不仅表现特定的数据结构，还能适用于复杂的数据结构，目标数据库值得期待。但是，在实用方面却处于难以言表的状态。

综上所述，关系数据库凭其所包括的表格形式这一点显示出它的长处，但因为以下原因也可以说未必都适用。

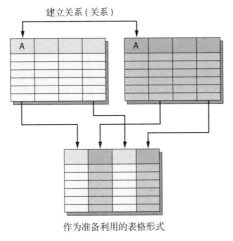

建立关系（关系）

A

A

作为准备利用的表格形式

图1.11　关系数据库

· 用于表现关系时的处理比表现形式更复杂。

· 关系数据库包含众多商用、非商用软件，但没有处理特性数据的在售软件，需要开发特定的应用（高成本）。

· 与用表格形式处理时间序列数据的特定系统相比，关系数据库管理系统在运作中，处理性能较低。

鉴于上述原因，使用表格形式有效处理时间序列数据的数据库可以说是个很实用的选择。这种处理时间序列的系统一般被称为SCADA（Supervisory Control And Data Acquisition）系统。SCADA本身是通过计算机监视系统控制流程，比如，用于装置的监控等，把装置的计测数据做成时间序列，以在线、实时进行数据库化，基于收集到的数据输出控制指令，这种系统已经实用化。

1.3　利用数据库的能源管理系统构筑实例

2010年，有关对日本国土交通省建筑基准整备促进辅助事业22商用建筑物的节能标准进行研究，作为《商用建筑物能耗量评估方法的相关基础调查》的一环已经开始实施，多家大中型办公楼中央方式热源系统的运用实态分析中采用了DB，下面就以DB的利用为前提介绍相关分析手法。

1 系统概要

该工程用于对多个建筑物的不同系统做全程评估。为了对每个BEMS不同的数据形式、热源系统的能源进行评估，使用其最低限的数据规格，如**图1.12**所示，制定了统一格式。

日	时	户外气温	户外湿度	运转状态	运转模式	冷水热量	热水热量	冷水流量	热水流量
		（℃）	（%）	—		（数据间隔）	（数据间隔）	（数据间隔）	（数据间隔）
		瞬间值：1 累计值：2	瞬间值：1 累计值：2	ON：1 OFF：2	OFF：0 制冷：1 采暖：2	瞬间值：1 累计值：2	瞬间值：1 累计值：2	瞬间值：1 累计值：2	瞬间值：1 累计值：2

冷水 入口温度	冷水 出口温度	热水 入口温度	热水 出口温度	能耗	辅机 电耗	冷却 水入口温度	冷却 水流量
（℃）	（℃）	（℃）	（℃）	（数据间隔）	（数据间隔）	（℃）	（数据间隔）
瞬间值：1 累计值：2	瞬间值：1 累计值：2	瞬间值：1 累计值：2	瞬间值：1 累计值：2	瞬间值：1 累计值：2	瞬间值：1 累计值：2	瞬间值：1 累计值：2	瞬间值：1 累计值：2

* 能耗用以下公式计算
　　燃气：计测流量（m²/数据间隔）×43.06MJ/m²
　　电力：计测电量（kWh）×3.6MJ/kWh

图1.12　从BEMS往数据库读入的统一格式

如**图1.13**所示，把收集到的数据为每座建筑物做预处理，换为DB输入格式，装入DB系统。数据的预处理中每一活数据的格式化，要从中央监视读入活数据，变换到15分值上，从设施的标签名称上进行全局的标签名称命名，再向DB输入格式进行输出。

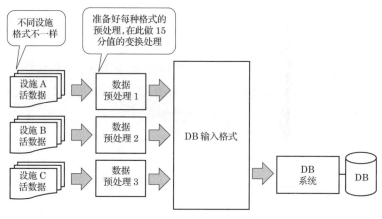

图1.13　数据投入步骤

按每个设施的设备规格、构成，其热量、电量、单体或系统*COP*等的计算方法都不一样。建筑物管理者等处听取这些信息，并确认计算处理，这些计算方法要事先逐设施地做定义。从前一节输入的15分周期数据中抽取出所需数据，用已经定义的计算方法进行热量、*COP*等计算处理，其结果装入DB，这一计算处理的步骤如**图1.14**所示。

利用按以上步骤生成的DB，如**图1.15**所示到Microsoft Excel上测取数据，或通过DB的接口向分析工具上读入数据，实施分析评估操作。向这些分析工具中读入时，要进行读入点的选择、点数据数值范围的过滤，只读入需要的数据，以便提高分析精度和效率。

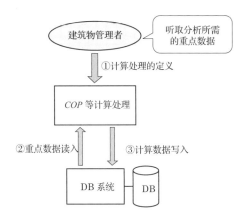

图1.14 计算处理步骤

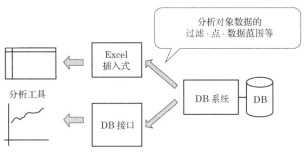

图1.15 利用数据库做的分析

2 特异值、零值等的整理基准

BEMS数据中，数据形式（记录时间序列的方向等）、数据收集、记录的时间间隔（1min～1h）、测定值的物理单位的实际情况每座建筑物都不一样。所以，要在分析评估热源机器能力特性的基础上，求得某种程度上的统一性处理。不仅不同时间间隔的数据变换方法，欠测值的处理也需要注意。对于这些数据的操作手法，已整理在空气调和·卫生工学会SHASE-M0007-2005《设备系统相关的能源性能计测手册》中。

这里所做的分析中，对特异值的分析对象的排除遵照如下方针：

①热源设备启动后1h之内视为过度应答状态，这期间的数据不能使用。具体来讲就是，热源机器的运转信号从停止到运转这一变化过后1h内的数据被排除在对象以外，而后面运转状态中的数据才是分析对象。

②各热源机器的COP值依热源机的种类具有各自特性，要以妥当的COP值作为分析对象。超出这一范围的COP值处于过度状态，因数据欠缺、收集数据有异常值等原因，被视为无法正确求得COP值的部分。

这里评估所需的各热源机器负荷率，按如下公式定义：

负荷率=生产热量/额定（制冷·供暖）功率

其中，生产热量为制冷运转及供暖运转时实测到的功率，额定（制冷·供暖）功率为各热源机器的规格值，亦即机器表上所示条件中的制冷能力及供暖能力。本来如条件发生变化，额定功率也随着改变，但变化条件下的额定功率值一般不作为公示性能列出，这次的评估以生产热量对单一意义值的额定功率之比作为负荷率。

另外，对实测特性等进行分析评估时，对于负荷率超过1.0的能力，因被视为特异值而排除在外。

3 数据的分析手法

各种热源机器要对其标准能力特性和实动特性进行比较、校准，并且通过考察要因来推定对于公示值（BECS、BEST的性能曲线）的实动系数，整理出这一期间所需的资料。分析按以下步骤进行：

①有关贡献给热源机器COP的负荷率、冷温水出口温度、户外气温、冷却水温度、冷却水流量等，要确认对参数COP变动的影响程度及与公示特性的差异，调查系数设置方面的必要性。

②将来自每个单体机器实测结果的近似特性式与公示特性做比较，区间平均值与公示值做比较，从统计学角度分析各变量（负荷率、户外气温、冷却水温度）的区间内偏差。

③将来自每个机种（透平冷冻机、空冷热泵冷风装置、水冷冷风装置、吸收式冷冻机、锅炉）实测结果的近似特性式与公示特性做比较，区间平均值与公示值做比较，分析各变量（负荷率、户外气温、冷却水温度）的区间内偏差。

④对机器容量可控范围内（公示机器特性范围以外）的机器特性进行分析。

⑤从做过详细数据收集的建筑物的数据中求出热源系统的效率，考察与机器单体COP之间的关系，就其系数化的可能性展开分析。

⑥抽取公示值不同于实动特性的因由，通过实动数据进行验证。

另外，低于热源机器容量控制特性界限值的部分，由于ON–OFF的切换运转，一般情况下，负荷率25%～30%以下的能力特性不予公示。用实测数据求解能力特性的近似式时，如果与这一范围的数据混合在一起，近似特性式就会受其影响，无法进行准确的比较分析，如果本调查中的负荷率未满30%，则挑出负荷率在30%以上的数据进行研究。经过与公示数据的特性比较；对于未公示的负荷率不足30%部分的特性，以实绩数据为基础做了考察。

4 热源机COP计算基准的设置

机器单体COP与热源系统COP的计算基准，基于空气调和·卫生工学会SHASE-M0007–2005《关于设备系统能源性能的计测手册》制定的标准如下。

（1）机器单体COP

①电动空冷机（空气热源热泵冷风机等）

$$COP = \frac{\text{热源机功率（MJ）}}{3.6\,\text{MJ/kWh} \times \text{消费电量（kWh）}}$$

热源机功率 $= \Sigma$（热源机功率）$\mathrm{d}t$（MJ）

消费电量 = 压缩机动力 + 辅机动力（曲轴箱加热器 + 鼓风机动力）

②电动水冷机（透平冷冻机等）

$$COP = \frac{\text{热源机功率（MJ）}}{3.6\,\text{MJ/kWh} \times \text{消费电量（kWh）}}$$

热源机功率 $= \Sigma$（热源机功率）$\mathrm{d}t$（MJ）

消费电量 = 压缩机动力 + 辅机动力（油泵 + 油加热器 + 叶片液压马达）

③燃烧式（煤气炉吸收式冷热水机等）

$$COP = \frac{\text{热源机功率（MJ）}}{\text{燃料} * \text{消耗量 [\#]} \times \text{发热常数（*）[MJ/\#]}}$$

热源机功率 $= \Sigma$（热源机功率）$\mathrm{d}t$（MJ）

东京煤气用工厂、写字楼等中压供气用户的使用量（Sm^3）计算CO_2排放量时所使用的排放系数（$2.19\,\text{kg/}Sm^3$），指处于温度15℃，读表压力0.981kPa的状态。同样状态下，根据波义耳–查理定律可导出Nm^3和Sm^3的换算系数，即：

【燃料*=城市煤气13A的场合】

发热常数 = 43.06

（ = 45 ÷ 1.045）高位基准

【燃气的Sm^3和Nm^3的换算方法】

·15℃·读表压0.981kPa的状态

$$(0.981+101.325)\,\text{kPa} = \frac{k \times (273.15+15)\,(\text{K})}{V(Sm^3)} \quad ①$$

·标准状态（0℃，1气压=101.325kPa）

$$101.325\,\text{kPa} = \frac{k \times 273.15\,(\text{K})}{V(Sm^3)} \quad ②$$

从①、②得出：

$$\frac{V[Sm^3]}{V[Nm^3]} = \frac{(273.15+15)\,(\text{K})}{273.15\,(\text{K})} \cdot \frac{101.325\,(\text{kPa})}{(0.981+101.325)\,(\text{kPa})} = 1.045\,Sm^3/Nm^3$$

（2）热源系统的COP

①电动空冷机（空气热源热泵冷风机等）

$$COP = \frac{\text{热源机功率（MJ）}}{3.6\,\text{MJ/kWh} \times \text{消费电量（kWh）}}$$

热源机功率 $= \Sigma$（热源机功率）$\mathrm{d}t$（MJ）

消费电量=压缩机动力+辅机动力（曲轴箱加热器+鼓风机动力）+一次泵动力

②电动水冷机（透平冷冻机等）

$$COP = \frac{热源机功率（MJ）}{3.6\,MJ/kWh \times 消费电量（kWh）}$$

热源机功率=Σ（热源机功率）dt（MJ）

消费电量=压缩机动力+辅机动力（油泵+油加热器+叶片液压马达）+

一次泵动力+冷却塔鼓风机动力+冷却水泵动力

③燃烧式（煤气炉吸收式冷热水机等）

$$COP = \frac{热源机功率（MJ）}{3.6\,MJ/kWh \times 消费电量（kWh）+ 燃料 * 消耗量 [\#] \times 发热常数（*）（MJ/\#）}$$

热源机功率=Σ（热源机功率）dt（MJ）

消费电量=本体消费电力+电动机动力（吸收液泵+冷媒泵+抽气泵+燃烧增压器）+

一次泵动力+冷却塔鼓风机动力+冷却水泵动力

1.4 热源系统能耗实态调查示例

按**表1.1**所示的台数对每个热源机机种做了调查，并考察了相关数据。本文中的计测数据的详情、热源机诸款项明确，设置的4套设施可以确认处于良好的协调状态，对煤气炉吸收式冷热水机及电动热源机实动状况的分析结果记录如下。

表1.1 不同机种的调查对象台数

透平冷冻机	冷热水发生器		空冷 HP 冷风机		水 冷	
	煤气炉	蒸汽	水	海水	水	海水
5 台	11 台	10 台	4 台	2 台	2 台	4 台

将中央热源系统的运转实测值（以下称实动特性）与各机器生产厂家所提供的机器特性（以下称机器特性）做对比，让机器特性与实动特性的差别一目了然，并对该差别进行了考察。为了做比较验证而做成的图表中，Y轴为COP，X轴为负荷率，冷却水的各温度范围按绘图种类区分。**图1.16**为分析手法的示意图。

①在实测数据分布图上标注后，求出近似直（曲）线，将该线形与机器特性的线形进行比较，考察性能、特性的区别所在。

②对各区间的实测数据平均值与机器特性的偏差程度做考察。并且通过直方图确认各区间平均值的误差、数据样板数。

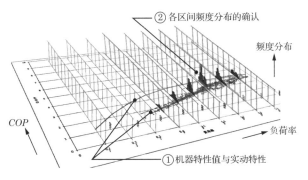

图1.16　分析手法示意图

1 吸收式冷热水机

调查对象设施的概要如**表1.2**所示。而取样时间，设施A为1h，设施B为15min，平均起来时间按15min统一。

表1.2　调查对象设施的概要

名　称	设施 A（医院 1B）	设施 B（事务所 1C）
用　途	综合医院	本公司大楼
所在地	东京都	东京都
竣工年份	1980 年	1989 年
（热源机器更新）	（2006 年）	（2002 年）
规　模	地上 9 层，地下 2 层	地上 6 层，地下 2 层
总建筑面积	约 36500m²	约 6400m²
分析对象	吸收式冷热水机（633kW×2 台）	吸收式冷热水机（422kW×1 台）
	水冷螺旋冷风机（150USRT 相当 ×2 台）	
	* 电驱动式机器省略	

（1）系统概要

设施A的冷热源由改造时引入的变频螺旋冷风机526kW×2台（R-3、R-4）和直燃式煤气炉吸收式冷热水机由633kW×2台（GR-1、GR-2），以及既有的蒸汽吸收式冷冻机1 899kW×2台（Ref-1、Ref-2，1台氮气封印停机）构成。本文讲解这些机器中GR-1、GR-2（含辅机类）的实动特性。计测点系统图如**图1.17**所示，热源机规格见**表1.3**。

设施B使用直燃式煤气炉冷热水机422kW×1台（GR-1）进行中央空调。讲述GR-1（含辅机类）的实动特性。计测点系统图如**图1.18**所示，热源机规格见**表1.4**。

（2）设施A的分析结果

图1.19为GR-1、GR-2的冷水温度，**图1.20**为热水温度的出现频度。从图中可看出，该设施制冷运转时存在冷水设定温度为7℃→10℃这样一个运用期间，所以，各

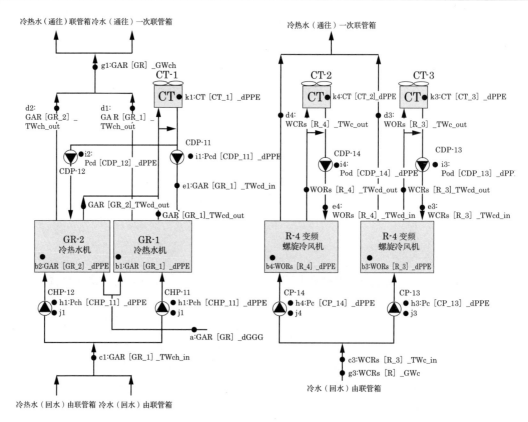

图1.17　设施A计测点系统图

表1.3　设施A热源机规格

型　号	机器名称	规　格		电动机			备　注
				相（φ）	电压（V）	容量（kW）	
GR-1，GR-2	吸收式冷热水机	形式	燃气直燃高效型（节能42%型）	3	415	3.55	低NOx规格
		制冷量	633kW（180USRT）			合计功率	移入重量9.1t
		制热量	415kW				运转重量9.8t
		冷热水量	1815L/min（压力损失117.3 kPa）			7.3 kVA	外形尺寸
		冷水温度	入口12℃→出口7℃			电源容量	3676×2063×2276 H
		热水温度	入口51.7℃→出口55℃				东京都规格
		冷却水量	3 000L/min（压力损失71.4 kPa）				
		冷却水温度	入口32.0℃→出口37.2℃				东京都规格
		煤气消耗量	38.5m³N/h（煤气13A・中压）				
		规格	冷热水变量运转（最小50%流量）				
			冷热水变量运转（最小50%流量）				

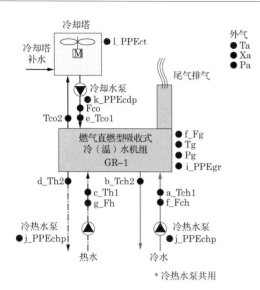

冷却塔

冷却塔补水

1 PPEct

外气
● Ta
● Xa
● Pa

尾气排气

冷却水泵
● k_PPEcdp
● Fco
Tco2 ● e_Tco1

燃气直燃型吸收式
冷（温）水机组
GR-1

● f_Fg
● Tg
● Pg
● i_PPEgr

d_Th2 ● b_Tch2 ●
● c_Th1 ● a_Tch1
● g_Fh ● f_Fch

冷热水泵
● j_PPEchp

冷热水泵
● j_PPEchp

热水　　冷水

＊冷热水泵共用

图1.18　设施B计测点系统图

表1.4　设施B热源机规格

制冷时	制冷量	422kW（120RT）	
	制冷 *COP*	1.32（高位发热量基准）	
	燃料消耗量	2.55m³/h（13A）	
	耗电量	3.9kW	
	冷　水	温度	12℃→7℃
		流量	72.6m³/h
		压力损失 70 kPa	
	冷却水	温度	32℃→37℃
		流量	120m³/h
		压力损失 74 kPa	
采暖时	制热量	338kW	
	采暖效率	0.87（高位发热量基准）	
	燃料消耗量	30.8m³/h（13A）	
	耗电量	3.9kW	
	热　水	温度	51℃→55℃
		流量	72.6m³/h
		压力损失 70 kPa	
本体尺寸	L3353 mm×W1955 mm×H2419 mm		
运转重量	6 500 kg		

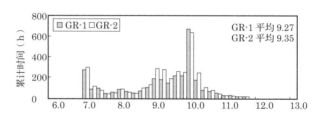

图1.19　GR-1、GR-2的冷水温度直方图

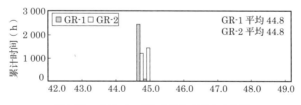

图1.20　GR-1、GR-2的热水温度直方图

温度带要与机器特性做比较。另外，实测数据中，把6.5～7.5℃这一范围的数据作为对应于7℃的数据，9.5～10.5℃这一范围的数据作为对应于10℃的数据来操作，超范围的数据除外。对于供暖运转时设定的45℃，实测值也基本局限在45℃。而供暖运转时的机器特性则无关热水温度，保持稳定。

设施A中GR-1和GR-2的运行数据，制冷、供暖时都显示同样动态，因此只需操作GR-1就可以。**图1.21**中GR-1制冷运行时，对负荷率的*COP*实动特性显示为冷

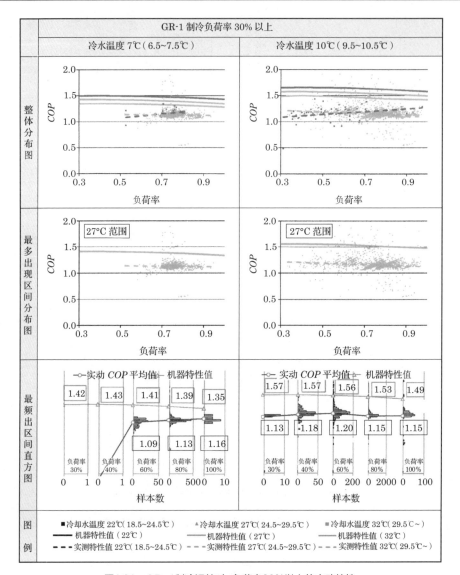

图1.21　GR-1制冷运转时-负荷率30%以上的实动特性

水温度7℃、10℃。冷却水温度范围按图例划定区间，图中逐个区间地给予显示（下同）。下方的直方图表示各负荷率的COP出现频率。另外，**图1.22**为供暖时（热水温度45℃）的实动特性。制冷及供暖时，将COP的区间平均值用该机器特性值去除，所得值即**表1.5**及**表1.6**所示的装备比特性COP。而表中的网纹部分按15分平均化的数据数显示在30以下部分。

由此得知，制冷运行时的实动特性大约为机器特性值的70%～80%左右。从整体倾向来看，与机器额定点（负荷率100%，冷却水温度32℃）附近比，机器特性的COP更高，由此可以确认，各参数越偏离额定点，装备比特性COP（装备比特性

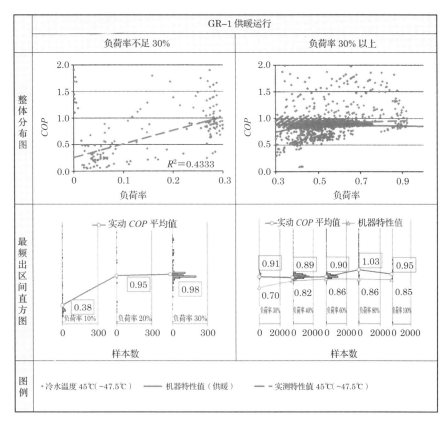

图1.22　GR-1供暖运转时的实动特性

表1.5　GR-1、GR-2冷却水温度·不同负荷率制冷装备比特性COP

机器名	负荷率范围	冷水温度 7℃（6.5~7.5℃）			冷水温度 10℃（9.5~10.5℃）		
		冷却水温度范围					
		$18.5℃ \leqslant T_{CW}$ $<24.5℃$	$24.5℃ \leqslant T_{CW}$ $<29.5℃$	$29.5℃ \leqslant T_{CW}$	$18.5℃ \leqslant T_{CW}$ $<24.5℃$	$24.5℃ \leqslant T_{CW}$ $<29.5℃$	$29.5℃ \leqslant T_{CW}$
GR-1	$0.30 \leqslant LF < 0.35$				0.29	0.72	
	$0.35 \leqslant LF < 0.50$				0.70	0.75	
	$0.50 \leqslant LF < 0.70$	0.72	0.77		0.71	0.77	0.73
	$0.70 \leqslant LF < 0.90$	0.80	0.81	0.82	0.75	0.75	0.76
	$0.90 \leqslant LF < 1.00$		0.86		0.78	0.77	0.80
GR-2	$0.30 \leqslant LF < 0.35$				0.74	0.69	
	$0.35 \leqslant LF < 0.50$		0.40		0.65	0.76	
	$0.50 \leqslant LF < 0.70$	0.69	0.71		0.73	0.76	0.72
	$0.70 \leqslant LF < 0.90$	0.78	0.79	0.85	0.75	0.73	0.75
	$0.90 \leqslant LF < 1.00$		0.89			0.80	0.83

▨：15分平均数据数低于30部分

表1.6 GR-1、GR-2热水温度·不同负荷率供暖装备比特性COP

机器名	负荷率范围	热水温度范围		
		$T_W < 47.5℃$	$47.5℃ \leq T_W < 52.5℃$	$52.5℃ \leq T_W < 57.5℃$
GR-1	$0.30 \leq LF < 0.35$	1.29		
	$0.35 \leq LF < 0.50$	1.08		
	$0.50 \leq LF < 0.70$	1.05		
	$0.70 \leq LF < 0.90$	1.20		
	$0.90 \leq LF < 1.00$	1.12		
GR-2	$0.30 \leq LF < 0.35$	1.32		
	$0.35 \leq LF < 0.50$	1.10		
	$0.50 \leq LF < 0.70$	1.05		
	$0.70 \leq LF < 0.90$	1.27		
	$0.90 \leq LF < 1.00$	1.13		

▨ : 15分平均数据数低于30部分

=COP区间平均值/COP机器特性值）越低。冷水温度也呈现同一倾向，与机器额定7℃时相比，10℃时的装备比特性COP显低。供暖运行时，实动特性在所有负荷率范围内其结果都是机器特性上升，而负荷率不足30%的数据（由于制冷时样本数少，只列出供暖部分），虽然有些误差，但仍可以确认局限于0点附近的状态。

（3）设施B的分析结果

图1.23为GR-1冷水温度直方图，**图1.24**为热水温度直方图。冷水温度全部数据平均约7℃，图中可见波动不大，因此，与7℃的机器特性做比较，不难设想供暖运转时可在45℃和50℃情况下运用。而供暖运转时的机器特性无关热水温度，比较稳定。

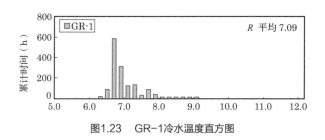

图1.23 GR-1冷水温度直方图

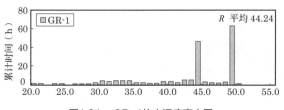

图1.24 GR-1热水温度直方图

　　图1.25中GR-1制冷运行时以及**图1.26**供暖运行时，显示对于负荷率的COP实动特性。而设施A也用同样方法，求出GR-1装备比特性COP如**表1.7**所示。

　　从这些结果上看，制冷运行时实动运转特性的值大约为机器特性的85%~90%。整体倾向与设施A相同，但低负荷率区域显示出不同的特性。这是启动停止期间燃料消耗近于0的状态下，机器的热容量造成表面上COP提高的缘故。供暖运转时，与热水温度50℃时相比，45℃时的装备比特性COP更高。而负荷率不足30%的数据，制冷、供暖时都有波动，局限于0点附近的状态得到确认，可见有较高的相关性。

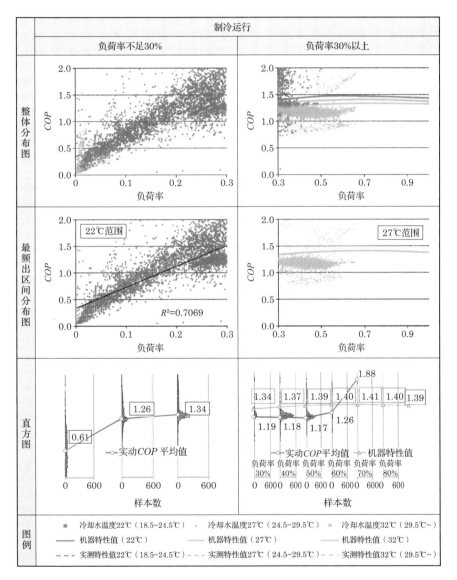

图1.25　GR-1制冷负荷不足或超过30%时的实动特性

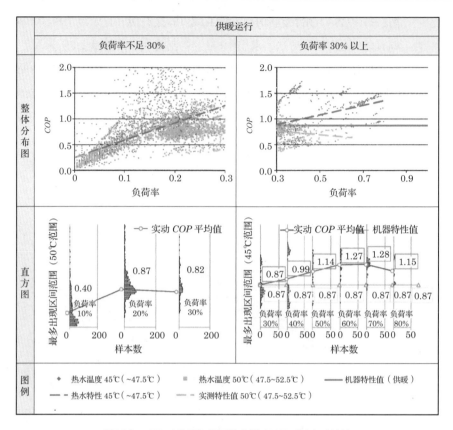

图1.26　GR-1供暖负荷不足或超过30%时的实动特性

表1.7　GR-1冷却水、热水温度·不同负荷率制冷、供暖装备比特性COP

机器名	负荷率范围	制冷运转时（冷水温度7℃）				供暖运转时		
		冷却水温度范围				热水温度范围		
		$T_{CW}<18.5℃$	$18.5℃≤T_{CW}$ $<24.5℃$	$24.5℃≤T_{CW}$ $<29.5℃$	$29.5℃<T_{CW}$	$T_W<47.5℃$	$47.5℃≤T_W<$ $52.5℃$	$52.5℃≤T_W<$ $57.5℃$
GR-1	$0.30≤LF<0.35$		0.95	0.89		1.00	0.89	
	$0.35≤LF<0.45$		0.91	0.86	0.85	1.13	0.82	
	$0.45≤LF<0.55$	1.12	0.84	0.85		1.31	0.76	
	$0.55≤LF<0.65$		0.90	0.89		1.46	0.90	
	$0.65≤LF<0.75$		1.34	1.04		1.47		
	$0.75≤LF<0.85$					1.32		
	$0.85≤LF<0.95$							

▨ ：15分平均数据数低于30部分

110

（4）吸收式冷热水机的结果

装备比特性COP，设施A约70%～80%，设施B约85%～90%，但机器的额定点附近较高，存在越偏离额定条件就越低的倾向。负荷率不足30%的ON-OFF控制区域，可确认COP于散逸的同时倾向于向0点集中。供暖运转中，一般来自获取温度的效率不会发生变动，但可以确认热水温度如果下降，效率就会转好。

2 电动热源机

下面对电动热源机盐水热泵冷风机和变频螺旋冷风机的实动分析进行举例说明。调查对象设施的概要如**表1.8**所示。

表1.8 调查对象建筑物概要

名 称	设施 C	设施 D
用 途	租赁大楼	综合医院
所在地	东京都	东京都
竣工年份 （热源机器更新）	1998 年 （2008 年）	1980 年 （2006 年）
规 模	地上 9 层 地下 2 层	地上 9 层 地下 2 层
总建筑面积	约 5400m²	约 36500m²
分析对象	空冷盐水热泵冷风机 （相当于 90HP×2 台）	吸收式冷热水机（633kW×2 台） 水冷螺旋冷风机（相当于 150USRT×2 台） （吸收式冷热水机另行报告）

（1）系统概要

设施C的热源设备由楼顶90HP的空冷盐水热泵冷风机（BHP）2台、地沟中的64m³静态型冰蓄热槽（冬季供暖时为热水槽）2套、制冷运转时的盐水泵、供暖运转时的热水泵各2台构成。计测点系统图如**图1.27**所示，热源机规格如**表1.9**所示。

设施D的冷热源，由改造时引入的水冷变频螺旋冷风机526kW×2台（R-3、R-4）、直燃式煤气炉吸收式冷热水机633kW×2台（GR-1、GR-2）以及沿用的蒸汽吸收式冷冻机1899kW×2台（Ref-1、Ref-2，1台氮气被封停机）构成。这里所讲的机器中，有关水冷变频螺旋冷风机R-3、R-4（含辅机类）的实动特性见计测点系统**图1.28**中的说明，热源机规格如**表1.10**所示。

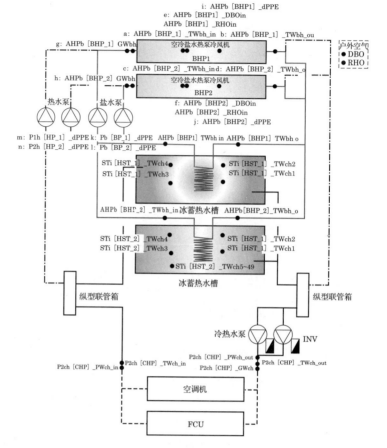

图1.27 设施C计测点系统图

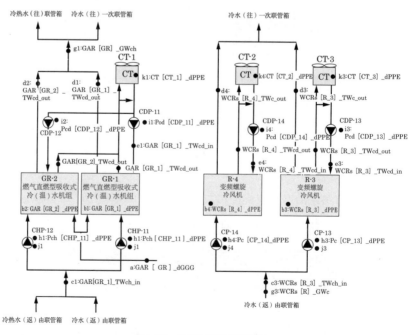

图1.28 设施D计测点系统图

表1.9 设施C热源机规格

符 号	机器名	规 格		电 力			台数	备 注
				相 (ϕ)	电压 (V)	压力 (kW)		
BHP-1.2	热泵冷风机 RUA/TBP 0902H	形式	空冷盐水热泵冷风机	3	200		2	COP
		冷却功率（制冰时）	158kW（户外气温30℃冷水 -4.1~-7℃）			60.3		2.62
		冷却功率（蓄热67%时）	113kW（户外气温30℃冷水 -4.9~-7℃）			39.4		2.87
		冷却功率（追进时）	250kW（户外气温35℃冷水 11.6~-7℃）			70.5		3.55
		加热功率（蓄热67%时）	190kW（户外气温7℃DB6℃ WB 热水37.1~45℃）			47.4		4.01
		加热功率（蓄热67%时）	159kW（户外气温0℃DB -1℃WB 热水38.4~45℃）			46.8		3.40
		盐水流量	880L/min					
		热水流量	351L/min					计
		压缩机（台数控制）	9台			7.5		67.5
		曲轴箱加热器	9台			0.075		0.675
		蓄能加热器	3台			0.075		0.225
		鼓风机（DC马达·变频）	9台			0.6		5.4
		内置线性泵（变频）	3台			1.7		5.1
		乙二醇浓度40%	比热0.84kcal/（kg·K）					78.9 含内置泵
			比重1055kg/m³					

表1.10 设施D热源机规格

机 型	机器名称	规 格		电动机			备 注
				相 ϕ	电压 (V)	容量 (kW)	
GR-1, GR-2	吸收式冷（温）水机组	形式	直燃式煤气炉高效型（42%节能型）	3	415	3.55	低NOₓ规格
		冷冻功率	633kW（180USRT）			合计功率	移入重量9.1t
		加热功率	415 kW				运转重量9.8t
		冷热水量	1815L/min（压力损失117.3kPa）			7.3 kVA	外形尺寸
		冷水温度	入口12℃→出口7℃			电源容量	3 676×2 063×2 276 H
		热水温度	入口51.7℃→出口55℃				东京都规格
		冷却水量	3 000L/min（压力损失71.4kPa）				
		冷却水温度	入口32.0℃→出口37.2℃				东京都规格
		煤气消耗量	38.5Nm³/h（煤气13A·中压）				
		规格	冷热水变流量运转（最小50%流量）				
			冷却水变流量运转（最小50%流量）				

（2）设施C的分析结果

盐水出口温度的出现频率如**图1.29**及**图1.30**，制冷运行时的盐水出口温度高于设定（目标）的-7℃，但目标蓄热量可以确保。针对负荷率的*COP*实动特性如**图1.31**及

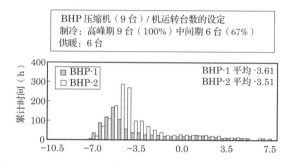

图1.29　BHP-1、BHP-2盐水温度直方图（制冷期9台运行时）

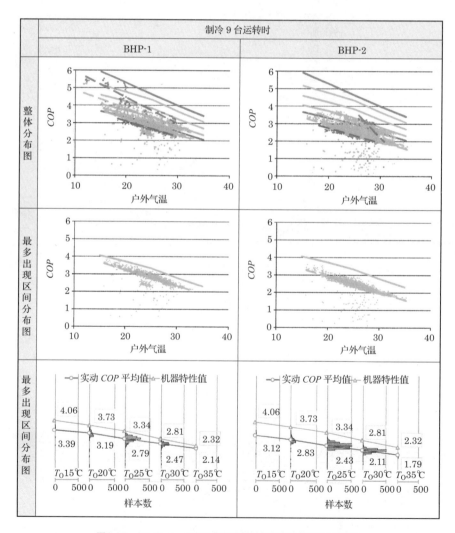

图1.31　BHP-1、BHP-2制冷高峰期9台运行的实动特性

图**1.32**所示，制冷运行时的实动特性，经确认其倾向表现为户外温度越高COP越低，盐水出口温度越低COP也越低。

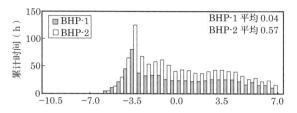

图1.30　BHP-1、BHP-2盐水温度直方图（制冷期6台运行时）

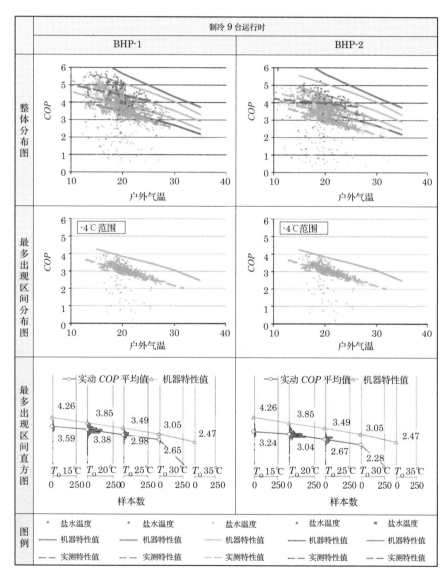

图1.32　BHP-1、BHP-2制冷中间期6台运行的实动特性

第2编　既有楼房的节能改造与实践

与前面做了同样计算的**表1.11**及**表1.12**所列的装备比特性*COP*，在额定条件下比机器特性低80%～90%，可以确认越偏离额定条件，装备比特性*COP*的差异越大这一倾向。另外，**图1.33**中供暖运转时的热水出口温度基本在设定（目标）的45℃运行。**图1.34**中可以看出供暖运转时的实动特性呈现随户外温度的升高、热水出口温度的升高，*COP*下降的倾向。

表1.11 不同户外温度、冷水出口温度情况下的装备比特性*COP*（9台运行时）

BHP-1	$T_b<-6℃$	$-6℃≤T_b<-2℃$	$-2℃≤T_b<2℃$	$2℃≤T_b<6℃$	$6℃≤T_b$
$7.5≤T_a<12.5$					
$12.5≤T_a<17.5$		0.83	0.84	0.77	0.87
$17.5≤T_a<22.5$	0.90	0.85	0.83	0.81	0.85
$22.5≤T_a<27.5$	0.90	0.84	0.79	0.75	0.76
$27.5≤T_a<32.5$	0.93	0.88	0.84	0.79	0.82
$32.5≤T_a<37.5$		0.92	0.94		
BHP-2	$T_b<-6℃$	$-6℃≤T_b<-2℃$	$-2℃≤T_b<2℃$	$2℃≤T_b<6℃$	$6℃≤T_b$
$7.5≤T_a<12.5$					
$12.5≤T_a<17.5$		0.77			
$17.5≤T_a<22.5$	0.79	0.76	0.78	0.76	
$22.5≤T_a<27.5$	0.80	0.73	0.71	0.72	0.69
$27.5≤T_a<32.5$	0.80	0.75	0.74	0.71	0.70
$32.5≤T_a<37.5$		0.77	0.70	0.80	

▨ ：15分平均数据数低于30部分

表1.12 不同户外温度、冷水出口温度情况下的装备比特性*COP*（6台运行时）

BHP-1	$T_b<-6℃$	$-6℃≤T_b<-2℃$	$-2℃≤T_b<2℃$	$2℃≤T_b<6℃$	$6℃≤T_b$
$7.5≤T_a<12.5$					
$12.5≤T_a<17.5$		0.84	0.84	0.83	0.71
$17.5≤T_a<22.5$		0.88	0.85	0.82	0.80
$22.5≤T_a<27.5$		0.86	0.81	0.79	0.80
$27.5≤T_a<32.5$		0.87	0.90	0.85	
$32.5≤T_a<37.5$					
BHP-2	$T_b<-6℃$	$-6℃≤T_b<-2℃$	$-2℃≤T_b<2℃$	$2℃≤T_b<6℃$	$6℃≤T_b$
$7.5≤T_a<12.5$					
$12.5≤T_a<17.5$		0.76	0.77	0.76	0.54
$17.5≤T_a<22.5$		0.79	0.78	0.77	0.74
$22.5≤T_a<27.5$		0.77	0.77	0.76	0.76
$27.5≤T_a<32.5$		0.75	0.58	0.77	
$32.5≤T_a<37.5$					

▨ ：15分平均数据数低于30部分

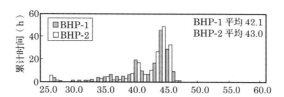

图1.33 BHP-1、BHP-2热水出口温度直方图（供暖期6台运行时）

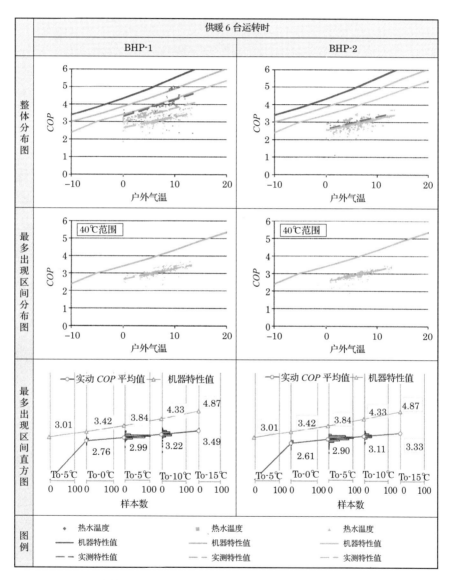

图1.34 BHP-1、BHP-2供暖期6台运行的实动特性

第2编 既有楼房的节能改造与实践

从**表1.13**所列的装备比特性COP可以确认在额定条件下比机器特性低60%~80%。实动特性与制冷运转时相比，供暖运转时与机器特性的偏差较大，可以看出是BHP-1和BHP-2的实动特性机器差别所致。

表1.13 不同户外温度、热水出口温度下装备比特性COP（6台运转时）

BHP-1	$T_b<37.5℃$	$37.5℃≤T_b<42.5℃$	$42.5℃≤T_b<47.5℃$	$47.5℃≤T_b$
$-12.5≤T_a<-7.5$				
$-7.5≤T_a<-2.5$				
$-2.5≤T_a<2.5$	0.79	0.79	0.81	
$2.5≤T_a<7.5$	0.78	0.77	0.78	
$7.5≤T_a<12.5$	0.78	0.75	0.74	
$12.5≤T_a<17.5$	0.38	0.80	0.72	
BHP-2	$T_b<37.5℃$	$37.5℃≤T_b<42.5℃$	$42.5℃≤T_b<47.5℃$	$47.5℃≤T_b$
$-12.5≤T_a<-7.5$				
$-7.5≤T_a<-2.5$				
$-2.5≤T_a<2.5$	0.60	0.67	0.76	
$2.5≤T_a<7.5$	0.63	0.65	0.75	
$7.5≤T_a<12.5$	0.59	0.64	0.72	
$12.5≤T_a<17.5$		0.67	0.68	

▨ ：15分平均数据数低于30部分

（3）设施D的分析结果

由显示冷水温度直方图的**图1.35**可以确认，在冷水出口温度7℃和10℃的设定（目标）下可以运用。另外，负荷率COP实动特性如**图1.36**所示，负荷率在30%以上时实动特性与机器特性呈现接近于相同的倾向。在冷却水入口温度低的状态下，表现出负荷率低COP升高的倾向，而在冷却水入口温度高的状态下，出现负荷率低则COP也降低的倾向。在负荷率不足30%的情况下，由显示COP的**图1.37**可看出，COP分布在原点所通过的直线上，如负荷率接近0，则COP也倾向于0。

由归纳了装备比特性COP的**表1.14**~**表1.16**可知，R-3、R-4在额定条件下实动特性为机器特性的90%左右，可见，越偏离额定条件，机器特性与实动特性的差异越大。

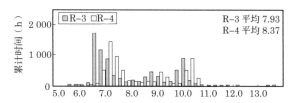

图1.35　R-3、R-4冷水温度直方图

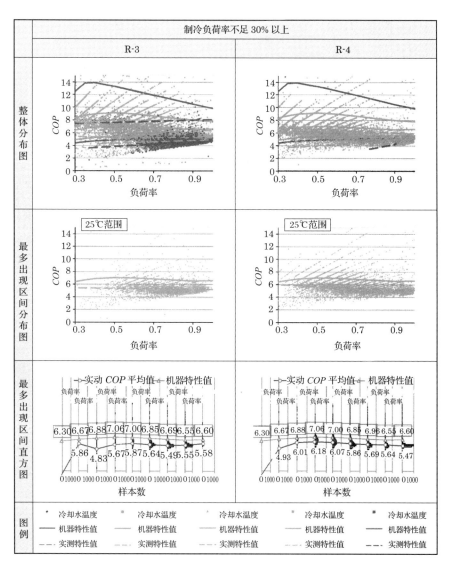

图1.36　R-3、R-4制冷运行负荷率30%以上的实动特性

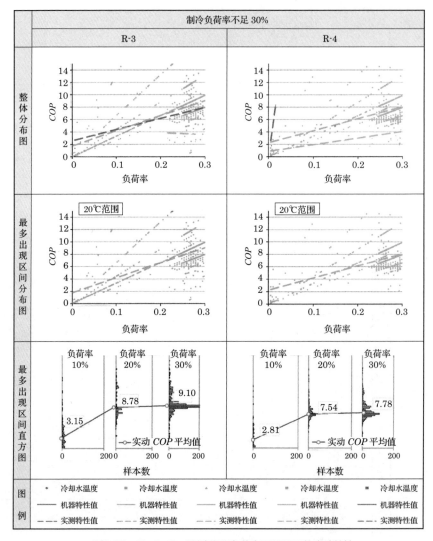

图1.37 R-3、R-4制冷运行负荷率不足30%的实动特性

表1.14 不同冷却水温度、负荷率情况下的装备比特性COP（各种冷水温度）

机器名称	各种冷水温度				
R-3	$t<17.5℃$	$17.5℃≤t<22.5℃$	$22.5℃≤t<27.5℃$	$27.5℃≤t<31.0℃$	$31.0℃≤t$
$0.30≤x<0.325$	0.63	1.00	0.88		
$0.325≤x<0.45$	0.62	0.92	0.70	0.99	0.36
$0.45≤x<0.55$	0.64	0.86	0.80	0.85	0.83
$0.55≤x<0.65$	0.64	0.84	0.84	0.89	0.83
$0.65≤x<0.75$	0.64	0.84	0.82	0.85	0.83
$0.75≤x<0.85$	0.87	0.85	0.82	0.86	0.87
$0.85≤x<0.95$	0.88	0.83	0.85	0.89	0.88
$0.95≤x<1.05$		1.06	0.89	0.93	0.90
R-4	$t<17.5℃$	$17.5℃≤t<22.5℃$	$22.5℃≤t<27.5℃$	$27.5℃≤t<31.0℃$	$31.0℃≤t$
$0.30≤x<0.325$		0.85	0.74		
$0.325≤x<0.45$		0.78	0.87	0.60	
$0.45≤x<0.55$		0.74	0.88	0.89	
$0.55≤x<0.65$		0.75	0.87	0.96	
$0.65≤x<0.75$		0.78	0.86	0.85	
$0.75≤x<0.85$		0.85	0.85	0.82	0.74
$0.85≤x<0.95$		0.85	0.86	0.86	0.88
$0.95≤x<1.05$		0.89	0.83	0.94	

▨ ：15分平均数据数低于30部分

表1.15 不同冷却水温度·负荷率情况下的装备比特性COP（冷水温度=7℃）

机器名称	冷水温度 7℃范围				
R-3	$t<17.5℃$	$17.5℃≤t<22.5℃$	$22.5℃≤t<27.5℃$	$27.5℃≤t<31.0℃$	$31.0℃≤t$
$0.30≤x<0.325$	0.53	0.70			
$0.325≤x<0.45$	0.55	0.72	0.68	1.13	
$0.45≤x<0.55$	0.57	0.69	0.76	0.87	0.44
$0.55≤x<0.65$	0.58	0.69	0.76	0.91	0.84
$0.65≤x<0.75$	0.59	0.68	0.75	0.83	0.83
$0.75≤x<0.85$	0.78	0.73	0.76	0.85	0.87
$0.85≤x<0.95$	0.80	0.74	0.79	0.84	0.88
$0.95≤x<1.05$			0.95	0.97	0.94
R-4	$t<17.5℃$	$17.5℃≤t<22.5℃$	$22.5℃≤t<27.5℃$	$27.5℃≤t<31.0℃$	$31.0℃≤t$
$0.30≤x<0.325$		0.72	0.40		
$0.325≤x<0.45$		0.64	0.73	0.70	
$0.45≤x<0.55$		0.64	0.77	0.88	
$0.55≤x<0.65$		0.63	0.76	0.98	
$0.65≤x<0.75$		0.64	0.76	0.82	
$0.75≤x<0.85$		0.69	0.77	0.79	
$0.85≤x<0.95$		0.74	0.79	0.80	0.76
$0.95≤x<1.05$		0.88	0.87		

▨ ：15分平均数据数低于30部分

表1.16　不同冷却水温度、负荷率情况下的装备比特性COP（冷水温度10℃）

机器名称	冷水温度 10℃范围				
R-3	$t<17.5℃$	$17.5℃\leq t<22.5℃$	$22.5℃\leq t<27.5℃$	$27.5℃\leq t<31.0℃$	$31.0℃\leq t$
$0.30\leq x<0.325$		0.94			
$0.325\leq x<0.45$		0.83	0.66		
$0.45\leq x<0.55$		0.77	0.78		
$0.55\leq x<0.65$		0.77	0.82		
$0.65\leq x<0.75$		0.78	0.91		
$0.75\leq x<0.85$		0.82	0.97		
$0.85\leq x<0.95$		1.19	0.98	0.77	0.79
$0.95\leq x<1.05$		1.14	0.78	0.85	0.84
R-4	$t<17.5℃$	$17.5℃\leq t<22.5℃$	$22.5℃\leq t<27.5℃$	$27.5℃\leq t<31.0℃$	$31.0℃\leq t$
$0.30\leq x<0.325$		0.81	0.88		
$0.325\leq x<0.45$		0.75	0.79		
$0.45\leq x<0.55$		0.70	0.81		
$0.55\leq x<0.65$		0.72	0.82		
$0.65\leq x<0.75$		0.77	0.89		
$0.75\leq x<0.85$		0.91	0.97		
$0.85\leq x<0.95$		1.38	1.20		0.79
$0.95\leq x<1.05$		1.01	0.76	0.91	

▓▓▓：15分平均数据数低于30部分

3　热源系统的运用实态与课题

·当负荷率、冷却水入口温度、户外温度、冷热水出口温度发生变化时，实动特性与机器特性呈现同一倾向的变化。

·实动特性与机器特性相比，在额定条件附近运行会低90%左右，部分负荷运行状态下约低60%~80%。

·如偏离额定条件附近，以部分负荷运转，装备比特性COP的差异会加大。

·实测评价如果负荷率在30%以下（ON-OFF控制范围），COP会局限在0点。

·供暖运转时吸收式冷热水机也同样，如抑制热水出口温度，COP会提高。

·根据这些结果，如何从热源机输出输入特性方面找出造成实动特性与机器特性出现差异的原因，是今后的一大课题。

建筑物的改建计划不同于新建项目，在既成事实的规划、设计基础上，怎样去完成一座能耗更小的建筑物确实是一大难题。同时，最近东京都以环保条例（CO_2总量减排义务）为代表的对能耗的测定（尺度）也开始从原有的单位建筑面积转为总量。这当中，东京大学作为全校工程推出了东大可持续校园项目[*1]（以下称TSCP）[*2]，通过各种形式调查、数据分析等，与具体改建计划相关的行动已取得一定进展[1)、2)]。为此，本章内容就以该项目为研究样本，讲述如下实态调查的各种手法。

2.1　通过排练遴选实测对象机器、系统

实既有实效的CO_2减排措施，首先重在如何把握建筑物用途、建筑按单位的电气、煤气等能耗量、CO_2排放量的实态。而各种建筑物中产生能耗的机器、系统，其设备容量、台数、年代等安装时要进行实态调查，上述能耗量、CO_2排放量也要整理出来，这些对于遴选作为调查对象的建筑物都是有用的研究资料。

关于能耗量，在各种法令（节能法[*3]、温对法[*4]）中对于一般商用建筑物要掌握每个办公场所的能源使用情况，并作为各建筑物大致的用途尽可能地加以整理、把握。但是，大学设施之类的事业单位中如拥有较多建筑物，还需要做更细的分类。为此，下面将对大学设施相关的实态把握逐一加以叙述。

（温对法，即全球变暖对策法，简称温对法。译注）

1 把握每个校区的能耗实态

每个校区的能耗数据汇总结果见**图2.1**、**图2.2**。关于**图2.1**中5个主要校区（本乡、驹场1、驹场2、白金、柏）的一次能耗量[*5]，为分年度的数据汇总。不难看出，随着事

*1　来自能源的温室效应气体减排，定位于营造低碳校园的首选课题，首次公布了国立大学法人的CO_2总量减排目标。该行动计划包括TSCP2012和TSCP2030这两个目标。

*2　TSCP2012谋求，致力于投资回收期较短的对象设备实现高能效，与2006年相比，2012年年末要比对照组的CO_2排放量削减15%，TSCP2030要求含实施组在内减排比例要达到50%，创能设备的引进等也纳入规划范围，到2012年末完成具体实施。

*3　由于省略了1979年制定的有关能源合理化使用的法律，进一步要求把工厂、建筑物、机床、器械的节能化提升为有效利用能源的法律高度。为了兼顾事业规模的扩大与节能这两个方面，很多工厂、事业单位以原单位（单位建筑面积的能源使用量）为判断基准。

*4　由于省略了1998年公布的全球变暖措施推进法，接受了COP3采纳的京都议定书，政府、地方公共团体、事业单位、国民形成一个整体，决定组建属环境省管辖的全球变暖对策框架。

*5　一次能源换算系数中使用的是电力9.76MJ/kWh，城市煤气45MJ/m³，柴油39.3MJ/L。

业规模的扩大呈逐年增加的趋势。而自2009年起因节能法的修订，事业单位加强了管理，由于各事业单位都投入了管理，主要5个校区之外的其他校区数据也汇总了进来。

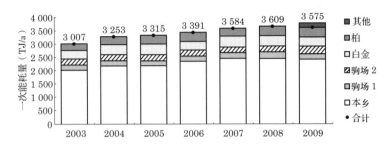

图2.1 不同校区的一次能耗量原单位与总量

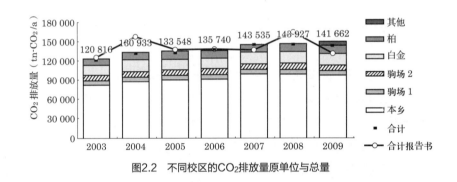

图2.2 不同校区的CO_2排放量原单位与总量

与**图2.2**相同，主要5个校区的CO_2排放量[6]也是分年度汇总的，如果把电力的原单位按TSCP的基准年度（2006年度）固定下来，则呈现如**图2.1**所示柱形图那样的增加趋势。但是，环境报告书如果也将供电公司每年公布的原单位其用过的CO_2排放量加以汇总，就会如线形图所示。对于2006年度的一次能源及其CO_2排放量，从不同校区的原单位来看，即如**表2.1**所示。大学1、2年级基础课程中使用的驹场1校区，实验室较少，文科·办公室用途的房间占据得较多，所以，一次能源消耗量原单位为1476MJ/（$m^2·a$），CO_2排放量原单位58.1kg-CO_2/m^2年和其他校区相比也是最低值。相反，医学研究所、医院设施占比较大的白金校区，一次能源消耗量原单位为4805MJ/（$m^2·a$），可见已接近CO_2排放量原单位203.3kg-CO_2/（$m^2·a$）年的4倍。另外，本乡校区中包括其附属医院在内，文科、办公室及理工系用途的建筑物占据得较多，数值已相当于东大整体的平均值。这样，通过事业（校区）单位的能源数据汇总就可以对年度变化等整体倾向有一个大致的把握了。

---

*6 CO_2换算系数中使用的是电力0.368kg-CO_2/kWh，城市煤气2.31 kg-CO_2/m^3，柴油2.71kg-CO_2/L。但是，环境报告书中使用的是每年度公布的电量原单位。

表2.1　不同校区的能耗实态（2006年度数据）

校区名称	总建筑面积合计（m²）	一次能源消耗量（GJ/a）	一次能源消耗量原单位[MJ/（m²·a）]	CO₂排放量（tn-CO₂/a）	CO₂排放量原单位[kg-CO₂/（m²·a）]
本乡	894 697	2 256 664	2 522	90 662	101.3
驹场1	139 475	205 799	1 476	8 102	58.1
驹场2	116 732	226 757	1 943	8 562	73.4
白金	80 814	385 259	4 805	16 301	203.3
柏	115 569	316 038	2 735	12 107	104.8
主要5校区	1 346 657	3 390 517	2 518	135 739	100.8

2 不同建筑物能耗实态的把握

有关各建筑物能耗数据的汇总结果如**图2.3**、**图2.4**、**图2.5**所示[3]。**图2.3**是一次能源消耗量的相关数据，按建筑面积的原单位，理工系是数值最小的文科系的2倍以上，医药医院系则是3倍多。而总量方面，理工系最高，其次是医药医院系、文科系，至于原单位和总量则呈现不同的倾向。**图2.4**是有关CO₂排放的数据，按建筑面积的原单位，理工系是数值最小的文科系的3倍左右，医药医院系约为4倍。至于总量，可以看出与**图2.3**同样，不同于原单位中的倾向。这样就可以捕捉到建筑物不同用途的趋势，有效推断出理工系、医药医院系的对策。

图2.5是各建筑物建筑面积与一次能源消耗量原单位的相关数据。有关大学设施既包括上课的教室、教员与学生的住房及办公职员的住房等，也包括使用各种机器的实验研究用房，用途广泛。对于能源使用对象而言，有教职员、学生、来访者等，由不

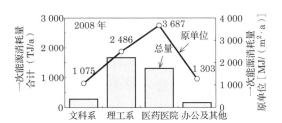

图2.3　不同用途一次能源消耗量原单位与总量

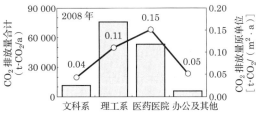

图2.4　不同用途CO₂排放量原单位与总量

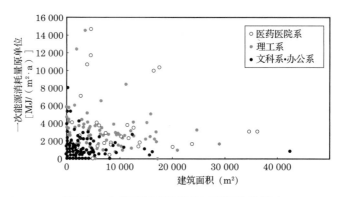

图2.5 一次能源消耗量原单位与建筑面积的关系

同行动目的、内容、意向的小组构成，能耗实态上各具特色。由此可见，一次能源消耗量原单位，无关建筑物的规模，呈广泛分布状态。

图2.6为各建筑物CO_2排放量的降序分区，同时显示出在整体中占比的大小。1 000t-CO_2/a以上的楼栋有35栋（占汇总楼栋数的约14%），并不算多，包含设有能源中心的建筑物等。如果将300t-CO_2/a以上的建筑物包括进来，则占到全体排放量的约90%。从一次能源消耗量原单位及这一汇总结果即可得出供建筑物候选的有用材料。

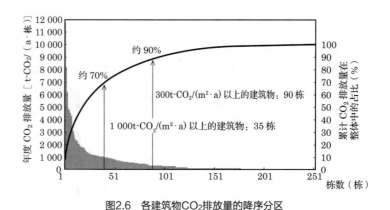

图2.6 各建筑物CO_2排放量的降序分区

③ 机器设备引进量实态调查

对策建筑物候选期间，若对各建筑物引进的机器同时做整理，那么对策项目也就可以同时遴选。大学引进设施时的安装年份、机器容量、形式等调查结果如**表2.2**所示。

由这些调查结果可知，空调用机器设备（大型热源、锅炉、单体分散房间空调器）在整体中占很大比例。其中单体分散的热源设备，研究所、实验室等以室为单位要求空调的居多，也是空调用机器设备中引进容量最多的地方。而家用电冰箱基本都是以小型（容量300L以内）规格为主，实验用冷冻冷藏库方面，以-80℃以下超低温冷却

表2.2 调查结果一览

机器名称	规 格	合计（台数·容量）	
空调用大型热源设备	透平冷冻机	2 640 RT	13 487 RT（47 424 kW）
	水冷冷风机	1 497 RT	
	空冷 HP 冷风机	2 631 RT	
	吸收式冷冻机	1 000 RT	
	吸收式冷热水机	5 719 RT	
锅炉设备	蒸汽·热水	87 335 kW	
空调用单体分散热源设备	箱式	43 435 kW	
	大厦用中央型	52 698 kW	
家用房间空调器	1.2~8.0 kW	1 626 kW	
家用电冰箱	用于实验以外的	4 159 台（不足 300L 约 80%）	
实验用冷冻冷藏库 *	深冷冷藏库	860 台	
	冷藏库	1 408 台	
	电冰箱·药用冰柜	1 152 台	
设施用照明器材	仅限 FLR 器械（Hf 除外）	38 807 台	
引导照明器材	仅限传统型（高辉度 LED 除外）	5 265 台	

* 实验用冷冻冷藏库的分类中，深冷冷藏库指 –65℃以下，冷藏库指 –20 ~
　–64℃，电冰箱·药用冰柜指 2℃以上的机器

保存的深冷冷藏库为代表，要引进不同温度范围的多种机器。

　　这些机器中，在引进量最大的单体分散热源设备方面，对各室深入分析的结果如**图2.7**所示[4]。**图2.7**以安装有单体分散空调设备室内机的房间为对象，用对象室的房间面积（m^2）去除以制冷功率（W）所得的能源消耗量原单位（W/m^2），再以室为单位进行汇总，其横轴为对象室的面积规模，纵轴为各能源消耗量原单位按房间数的叠加。看到这里就会发现，在选择空调机器时与计算制冷的最大负荷原单位（一般为 $80 \sim 90W/m^2$）做比较，里面有原单位很大的房间。

　　图2.7是按房间不同用途所做的详细分类，**图2.8**为理工系使用的房间，整体上是按内部发热大的实验机器在能源消耗量原单位大的房间分布情况，可见其中以小房间

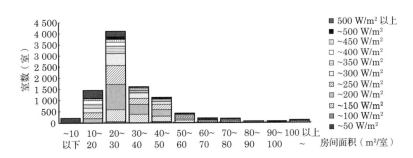

图2.7 能源消耗量原单位不同规模的分布（整体）

为中心也有非常大的500W/m²以上房间。而**图2.9**所显示的办公室、会议室等内部发热小的房间，也可以视其为能源消耗量原单位较大，由此可见设备容量过大。如此，将调查汇总结果做进一步详细分析后，可作为修改容量大小等设备改造的有用材料。

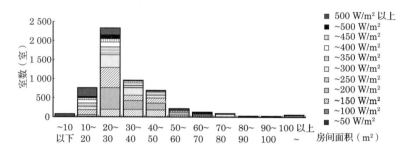

图2.8　能源消耗量原单位不同规模的分布（理工系用途）

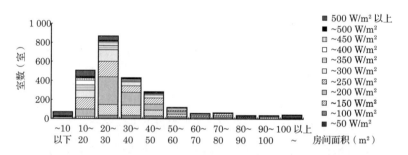

图2.9　能源消耗量原单位不同规模的分布（办公室、会议室用途）

④ 对象机器、系统的遴选

上述第1～3条为建筑物用途及建筑物单位的能耗实态和设备引进实态，根据对其把握程度可有效遴选出对象机器、系统。

具体如**图2.10**所示，**图2.6**中的空调用机器设备容量按引进年份添加到图中，拥有使用年份较长，而且设备能耗较大的建筑物（保健系B、理工系A、理工系B等）；设备使用年份较短，但CO_2排放总量大的建筑物（保健系C、保健系D等），针对建筑中占有较大能耗比例的空调设备，整理出它们与CO_2排放总量之间的因果关系。特别是前者，可作为有成效的CO_2减排对策候选项。像这样将各种数据组合起来进行整理，大学设施这类多种建筑物构成的事业定位也可以遴选出有具体实施对策的候选建筑物。

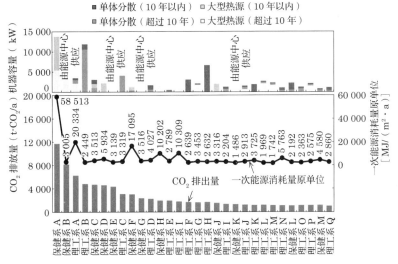

图2.10 对空调用设备有相关对策的建筑物的遴选

【文　献】

1）迫田一昭，河野匡志，花木啓祐，野城智也，磯部雅彦：東京大学におけるサステイナブルキャンパス活動，日本建築学会技術報告集第 30 号，pp.611-614（2009.6）

2）河野匡志，柳原隆司，花木啓祐，礎部雅彦，坂本雄三：国立大学施設における環境負荷低減手法に関する研究　東京大学における CO_2 排出量削減に向けた実効ある対策の計画と実践の事例，日本建築学会環境系論文集，第 76 巻，第 666 号，pp.727-734（2011.8）

3）河野匡志，坂本雄三，柳原隆司，一ノ瀬雅之：大学施設における環境負荷低減手法に関する研究　その 1 東京大学における原単位集計と個別分散空調機器の更新手法の提案，日本建築学会大会学術講演梗概集，pp.1359-1360（2010.9）

4）河野匡志，柳原隆司，坂本雄三，村山鉱之，塩地純夫：大学施設における環境負荷低減手法に関する研究　その 5 個別分散空調機の調査結果分析と更新手法の提案，空気調和・衛生工学会大会学術講演論文集，pp.927-930（2010.9）

2.2　既有数据及短期计测数据的使用方法

1 中央监控设备收集数据用大型热源设备运转实态的把握与机器更新

本章节针对**图2.10**中CO_2排放量最大的保健系建筑物A，介绍如何利用中央监视系统收集的数据，把握热负荷实态、热源机器运转实态、热生产效率以及对热源设备进行改造方面的实例。这座建筑物集中提供空调用的冷热水机蒸汽，建筑物设有为保健系B、E、G、K等建筑物提供保障的能源中心，备有如**图2.11**所示的热源设备。该建筑物的地下部分有一个温度分层型水蓄热槽（5540m³），由冷水专用槽393m³，冷热水槽2526m³、2230m³，热水专用槽391m³这4个水槽构成。

从各建筑物的热负荷状态、热源机器的生产效率、蓄热槽的使用状况、二次侧空调设备的使用实态等着眼，解析目前为此累计起来的数据，抽选出①热源机器效率的

129

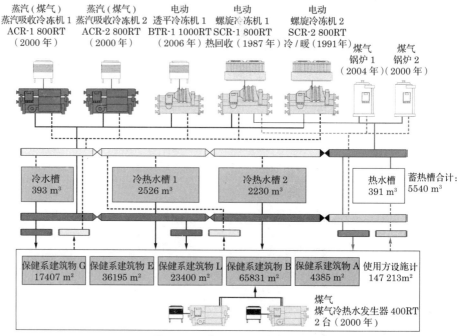

图2.11　医院设施区的设备系统图

表2.3　不同热源机器年处理热量及热生产单价一览

热源机器种类		处理负荷热量（GJ/a）	热生产单价（日元/GJ）
冷热	螺旋冷冻机　　　（SCR-1）	8894	3301
	螺旋冷冻机　　　（SCR-2）	14632	2168
	透平冷冻机　　　（BTR-1）	24170	1593
	蒸汽吸收冷冻机　（ACR-1）	16973	3016
	蒸汽吸收冷冻机　（ACR-2）	16534	3199
温热	蒸汽－水换热器　（HEX-1）	11439	2152
	蒸汽－水换热器　（HEX-2）	11647	2202

* 表中的数值为电、煤气、自来水的2008年度实绩值的汇总（仅SCR-1由改造工程产生4～9月）。

改善，②蓄热槽使用温度差的扩大，③热水槽的利用作为研究课题。拿到这一结果后，给系统整体带来很大影响的①就成了最优先考虑的对策，根据热源机器的单体COP和热生产单价评估结果（**表2.3**），挑出效率低下、热单价较高的螺旋冷冻机（SCR-1）作为更新对象。如**表2.4**显示的那样，因冬季也需要冷水，因此③所显示的热水槽的使用也同时得以实现，把螺旋冷冻机（SCR-1）换成热回收透平冷冻机。

关于各热源机器冷水及热水提供热量的生产率，**图2.12**及**图2.13**为改造前后的对比，至于冷热方面，包括夏季冷水专用运转在内，约占整体的36%，温热部分占整体的45%（夏季及中间季因冷水专用运转，这期间的温热由以往使用的HEX-1、HEX-2提供），这表明改造的机器效率得到了提高。其全年削减效果如**表2.5**所示，取得了一次能源消耗量削减约55000GJ/a，CO_2排放量削减约2500t-CO_2/a的实绩[1]。

表2.4 各建筑物的负荷热量汇总

项 目		保健系 建筑物 B	保健系 建筑物 G	保健系 建筑物 E	保健系 建筑物 L
建筑面积（m²）		65831	17407	36195	23714
冷热 [MJ/（m²·a）]	夏季	231	379	337	349
	过渡季	157	272	220	200
	冬季	37	249	128	72
温热 [MJ/（m²·a）]	夏季	24	89	71	14
	过渡季	75	135	75	78
	冬季	136	175	105	163

＊ 夏季6～9月，冬季11～3月过渡季：冬夏季似外部分。

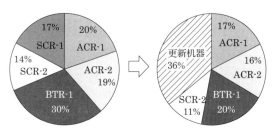

图2.12 更新前后冷水热量热源机器生产率对比（全年）

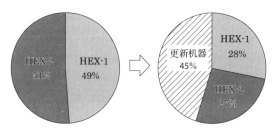

图2.13 更新前后热水热量热源机器生产率对比（全年）

表2.5 热源设备的全年使用量及削减效果（1～12月份）

项 目	2008 年	2009 年
全年消费电量（MWh/a）	12534.4	10443.4
全年城市煤气用量（千 m³/a）	5584	4811.6
全年一次能源消耗量（GJ/a）	373605	318448（▲55157）
全年 CO₂ 排放量（t-CO₂/a）	17511	14958（▲2553）

2 按短期计测大型热源设备的运转实态及运用改善

本章节就**图2.10**中的理工系建筑物M，介绍使用年份超过10年的大型热源所进行的短期计划、运转改善方面的实例。热源设备系统图如**图2.14**所示，计测要点一览如**表2.6**（编号与**图2.14**对应）所示。

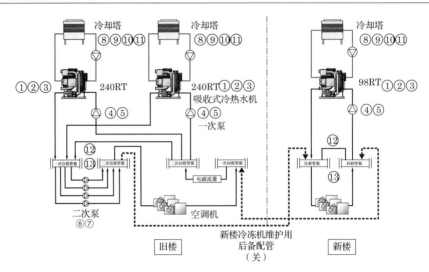

图2.14　理工系建筑物M的热源设备系统图

表2.6　计测要点

		计测要点	夏季	冬季
①		出入口温度（℃）	○	○
②	热源机器本体	耗电量（kWh）	○	○
③		煤气消耗量（m³）	○	○
④	辅机 泵	一次泵流量（m³/h）	○*	○*
⑤		一次泵耗电量（kWh）	○	○
⑥		二次泵流量（m³/h）	○*	○*
⑦		二次泵耗电量（kWh）	○	○
⑧		冷却水泵流量（m³/h）	○*	—
⑨		冷却水泵耗电量（kWh）	○	—
⑩		冷却水出入口温度（℃）	○	—
⑪	冷却塔	风扇耗电量（kWh）	○	—
⑫	负荷侧	联管箱之间的旁路温度（℃）	○	○
⑬		往返联管箱温度（℃）	○	○

＊　计测电流值，可以从特性曲线计算出流量。

对于在夏季及冬季的峰值时间进行的约一个月的短期计测，如**表2.7**所示，是相关评估项目的分析结果，对于引进的机器设备容量实际的建筑物负荷小的点位、不能确保设计温差的点位、因低负荷运转致使热生产效率低的点位、本体与辅机的台数控制未能联动的点位等，可抽取出若干值得研究的课题。如**表2.8**所示对这些课题按运用改善与设备更新对策分开整理，通过前者采取的措施作为制冷期间的效果，一次能源消耗量削减了1725GJ，CO_2排放量取得了削减约71t–CO_2的成果[2]。

照此看来，没有引进数据收集系统的建筑物，如实施短期计测，也可以把握设备的运转实态，在计测数据的基础上，即可作为CO_2减排的对策。另外，包括修改设备容量在内，还可以用于研究将来的改扩建计划。

表2.7　评估项目示例

评估项目	使用数据
机器单体负荷率	由①、④计算生产的热量，与额定容量做对比（对照⑩做补充）
机器单体效率	由①、④计算生产的热量，用②、③、⑤之和去除求出
系统效率	由①、④计算生产的热量，由②、③、⑤、⑦、⑨、⑪之和去除求出
设计温差	①、⑩、⑬的差值与设计值做对比
旁路管温度	⑬与⑫的温度做对比，确认流向
效率提高、改善	⑩的入口温度低，⑬温差的确保等
本体与辅机的联动	②、⑤、⑦、⑨在时间系列上的对比

* 使用表2.6中的编号①~⑬

表2.8　改善项目的整理

改善点		对策内容
热源机器停机期间二次侧泵运转	运用改善	修改机器本体的日程设置
低负荷热源运转造成喘动现象		为了提高机器负荷率，将后备配管有效运用于热融通管
旁路管内逆流，机器出入口温差小		因二次侧流量过大，修改泵台数控制
空调运转时热源短时间运转即停止（每天）		修改空调运转时热源机器的待机时间
热源机器容量的适宜设置	设备更新	换成高效、部分负荷特性优良的热源机器
室内空调机流量的适宜设置		空调装置流量控制阀的开度调整（全部）
室内侧空调机的控制改进		将手动开关（ON-OFF 设定）的室温检测改为自动调整型

③ 单体分散空调设备的运转实态把握

这一节就单体分散空调设备如**图2.7**所示，揭示能力原单位一种明显的倾向，**图 2.10**以保健系建筑物C中的部分研究室为对象，列举了单体分散空调设备有关运转状况所做的短期计测实例。

对象研究室引进的是1台室外机（28kW）、2台室内机（5kW）构成的大楼

用中央控制方式的空调机两大系统（合计容量56kW），计算能力原单位得知，那是420W/m²的大房间。一般很难对单体分散空调设备进行计测，但室外机可得到生产厂家的协助，与校验计算机驳接，用压缩机曲线法测定处理热量（=机器功率），同时计测耗电量、室内温湿度，进行包括效率在内的分析[3]。

图2.15所示为夏季及冬季代表性日期里不同时间的机器负荷率变化。随着户外气温的种种变化，逐渐临近最大负荷日，但负荷率总是在变频的连续运转下限（处于对象机器场合约20%）以下，可见机器容量很大。另外，**图2.16**所示为计测期间的负荷率与COP的分布图，但是，样本所刊载的额定功率下负荷率100%附近上并没有散布

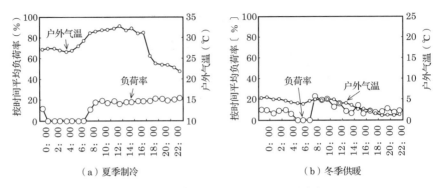

（a）夏季制冷　　　　　　　　　　（b）冬季供暖

图2.15　代表性日期里不同时间的机器负荷率变化

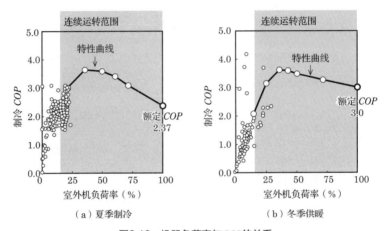

（a）夏季制冷　　　　　　　　　　（b）冬季供暖

图2.16　机器负荷率与COP的关系

点，而是集中在25%以下的低负荷范围，可见是在以低效率运转。

关于单体分散空调设备，像这样的短期计测很难在所有机器上进行，所以，如**图2.7**所示，充分利用分析结果，大学独自制定能力原单位的上限值等，需要在设备改造时相应地修改机器容量。

【文　献】

1）河野匡志，柳原隆司，坂本雄三，迫田一昭，磯部雅彦：大学施設における環境負荷低減手法に関する研究　その1附属病院におけるエネルギー消費実態把握と熱回収ターボ冷凍機の導入効果，空気調和・衛生工学会大会学術講演論文集，pp.1727-1730（2009.9）

2）柳原隆司，金田一清香，河野匡志，坂本雄三：大学施設における環境負荷低減手法に関する研究　その2中央式空調設備システムのエネルギー消費調査と省エネ化提案の事例，空気調和・衛生工学会大会学術講演論文集，pp.1731-1734（2009.9）

3）村山鉱之，塩地純夫，河野匡志，柳原隆司，坂本雄三：大学施設における環境負荷低減手法に関する研究　その6ビル用マルチ式空調の運転状況調査と省エネ化の検討，空気調和・衛生工学会大会学術講演論文集，pp.931-934（2010.9）

2.3 对既有建筑物的认证

1 既有建筑物的能源性能实态及课题

京都议定书把1990年作为全球变暖主因的CO_2排放量的基准年，日本受此约束，2012年之前要削减6%，2020年之前以削减25%为目标。尤其是民生部门，把削减建筑物的CO_2排放作为一大重要课题。从一般社团法人日本可持续发展建筑协会公布的商业建筑能耗数据DECC（Database of Energy Consumption for Commercial building）来看，有排放的建筑物其单位建筑面积全年一次能源消耗量的分布很广泛，表明能源存在很大的性能差异。

对能源性能的影响，包括场地等气候因素，建筑物使用时间的长短、委托人空置率等建筑物活动量方面的因素，热源、照明系统效率等设备上的因素，建筑物使用管理方法等维护上的因素等多种多样。除气候方面的因素是无法改善的，多数因素存在改善的可能。能源性能差异大的主要原因之一就在于，很多可以改善的因素被忽略了。

很多可以改善的因素被忽略的原因，有如下几个方面的课题值得考虑：

①能源消耗量与上年度相比，只要没有大的变化就不算作问题。

②建筑物适宜的能耗量尚未明确。

③建筑设备系统的性能确认后处于适宜状态的很少。

④建筑设备系统适宜的运转方法未传达给维护运转管理者。

⑤对使用阶段能耗量的分析信息很少。

⑥建筑物内没有建筑物能源性能改善方面的管理专家。

以上这些课题，通过适用认证可以解决。

认证可分为以建筑物寿命为对象的终身性能验证、以新建筑物为对象的初始性能验证和以既有建筑物为对象的重复性能验证、后续性能验证（**图2.17**）。

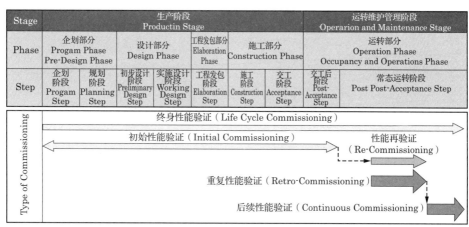

［出处］（社）空气调和·卫生工学会：《建筑性能验收过程指导方针（SHASE-G 0006-2004）》

图2.17 认证的种类与定义

下面就以既有建筑物为对象进行认证介绍。

2 对既有建筑物的认证

（1）对既有建筑物认证的定义

要实现建筑物所有者要求的性能，方法之一就是做认证。认证是美国环境建筑认证制度LEED的必备事项，例如东京都的营运高峰事业制度也在推荐使用等，日本适用案例正逐年增加。包括认证的定义等相关详细内容，请参考《建筑性能验收过程指导方针（SHASE-G 0006-2004），（社）空气调和·卫生工学会》。

认证适用于各种建筑物，不论新建的，既有的都是可行手法，但是，对既有建筑物认证的定义还包括以下这些项目：

①以既有建筑物为对象。

②明确发包方要求的性能和实现的条件。

③评估既有建筑物的现状性能。

④明确现状问题点，整理出改善菜单。

⑤确认改善结果。

⑥将改善的相关程序书面化。

有关既有建筑物的能源性能的商务模式，普遍作为"节能诊断"和"ESCO"使用，但难免有不同之处。**图2.18**为节能诊断与ESCO的展开顺序。图中的编号指前述的对既有建筑进行认证的要件，双方商务模式的程序中基本包括了认证所需要件。

对费用的比较可看出，尽管成本随着节能效果降低这一点与ESCO相当，但是，认证和节能诊断以业务上产生的人工费为前提，在这一点上是有区别的。认证与节能诊断相比，节能诊断要以节能改造工程的实施为前提，其中大部分适于这种情况，而认

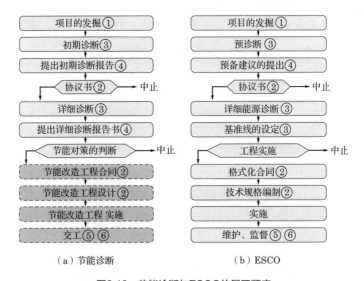

（a）节能诊断　　　　　　（b）ESCO

图2.18　节能诊断与ESCO的展开顺序

证未必以节能改造工程为前提。

总之，认证可以说是一种按对象建筑物的状况，具有较宽选择范围的商业模式。

（2）认证的性价比

建筑物的所有者对认证的引进要从性价比的角度考虑。美国有众多商业性推出，公开性价比的企业不在少数。**表2.9**、**图2.19**所示为适于对既有建筑物认证的性价比实例，单纯回收年份约在5a以内，列举的是其中性价比较高的手法。

表2.9 对既有建筑物认证的性价比实例

	建筑名称	Cx 成本（美元）	头年的费用有利条件（美元）	每年的节能量（美元）	单纯回收年份（a）
例-1	班布里奇·州·中学	41860	25290	19450	2.2
例-2	北萨斯顿中学	42180	31600	24300	1.7
例-3	××学校	85000	–	16700	5.1
例-4	贝林哈姆专业技术学校	33580	3700	2900	11.6
例-5	××学校	8700	6138	15236	0.6
例-6	××小学校	37550	8600	6600	5.7
例-7	陆军航空队支援设备、	11820	5370	13300	0.9
例-8	××市政厅	19317	9920	16790	1.2
例-9	××学校	14014	–	4830	2.9

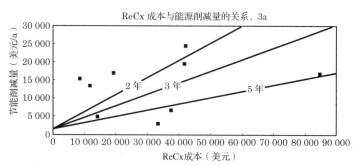

［出处］田上贤一（新菱冷热工业）整理的BETTERBRICKS公司的网上信息

图2.19 对既有建筑物认证的性价比实例

3 **既有建筑物认证的展开步骤**

既有建筑物认证的展开步骤如**图2.20**所示，建筑物所有者决定引进认证的意愿，组建公司内部体制的"项目的设置"后，将"计划部分"的认证外包给CA（Commissioning Authority）并与其签订合同，在"调查部分"确定对象建筑物的现状性能及其改进措施。改进措施中包括根据建筑物的状态进行协调、替换、ESCO、改造工程等。"实施部分"把改造措施的实施结果，在"最终调整"中由CA做定量、定性的确认，到"项目交工"时建筑物的性能改造即告结束。

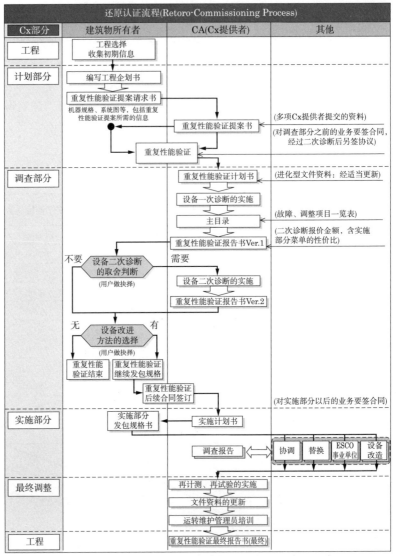

图2.20 对既有建筑认证的展开步骤

[出处]（社）空气调和·卫生工学会研讨会（东京）"建筑设备认证实用化目标"

建筑物所有者通过引进认证，与CA这一合作者商议，如何放心地获取所拥有的建筑物性能改善的价值。

4 改造工程（实施部分）的认证

既有建筑物的还原认证中，由调查部分的结果在设备改造方法上选择"改造工程"时，实施部分要编写实施计划书，将"改造工程"具体化，与新建工程一样都要实施企划、设计、发包、施工。

这种"改造工程"分为试运转调整结束之前由着手施工的工程承包商负责的"施

表2.10 施工阶段的认证工作

用户	·认证流程进展确认 ·设计变更指示或确认 ·运转维护管理人员的确保
CA (Commissioning Authority)	·主持认证会议 ·综合进度表的确认（调试及功能性能试验实施期间的确保） ·施工体制、工程监理体制的验证、确认 ·认证计划书（施工阶段）的更新 ·编制施工相关图纸的审核目录 ·检查、调试计划的确认 ·设计变更提案内容的确认与评价（从用户要求事项的观点出发） ·根据认证观点确认施工状况 ·认证规格书的遵守，执行情况的确认 ·事前功能检查表的编写与分发 ·检查、调试结果的确认 ·认证经过报告书（施工阶段）的编写与提交
设计者	·在用户委托的基础上变更设计图纸 ·对工程监理者、工程承包者设计变更提案的应对
工程监理者	·工程承包者提出的文件及资料的确认和承诺 ·应CA的要求提出文件及资料 ·对工程承包者所提设计变更提案的应对（与CA的协议）
工程承包者	·施工要领书的编写 ·施工图纸的绘制 ·施工业务的执行 ·检查/调试计划书的编写 ·检查/调试要领书的编写 ·检查/调试的实施 ·检查/调试报告书的编写
运转维护管理者	·调试现场会 ·可维护性核实

工阶段"和对功能性能做试验，对改造工程范围内的设备性能做确认后，交给发包者这一"最终调整阶段"。

（1）"施工阶段"的认证

施工阶段认证的主要作业内容如**表2.10**所示。施工阶段认证的目的是指用户要求的性能，即列入计划的设备系统改造方案要确保达到目标性能，在适当的设计监理及施工监理之下，确认可不停顿地推进施工。

CA作为负责人和认证关系人，要及时确认选定的各种机器设备及辅助系统是否确实按计划施工，施工的设备系统有关功能与性能方面的检查是否已无疏漏地进行等，在所提出的作业报告书的基础上实施评价及确认。万一面临用户要求的性能不能确保的局面，CA要为用户提建议，从认证的立场要求工程承包者纠正，并根据情况提出建议措施。

为了把施工阶段的认证作业有效地进行下去，CA及认证相关人员、设计者、施工监理者、工程承包者之间，对指示、命令系统、提案及判断项目等，对工程管理及质量管理有影响的信息能确实共享，这是实行认证流程的主要保证。

（2）"最终调整阶段"的认证

整理最终调整阶段认证的主要作业内容，如**表2.11**所示。

表2.11　最终调整阶段的认证工作

用户	·认证报告书（交工阶段）的确认 ·向运转维护管理者移交 ·运转维护管理教育培训程序的课程安排及实施的确认 ·交工后的课题、作业的确认及准备的指示 ·建筑物维护管理计划方案的编制 ·后续认证计划的策划
CA（Commissioning Authority）	·功能性能试验计划书编写 ·功能性能试验实施的指挥与评价 ·认证报告书（交工阶段）的编写 ·系统手册（交工阶段）的归纳整理 ·运转维护管理教育培训程序的编写及实施的指挥 ·交工条件的确认
设计者	·竣工图绘制的指挥与审批 ·系统控制、操作说明书（交工阶段）更新的指挥与审批
工程监理者	·工程监理报告书 ·功能性能试验现场会
工程承包者	·功能性能事前审查表的登记 ·功能性能试验的实施 ·竣工图纸资料的编写整理 ·系统控制、操作说明书（交工阶段）更新 ·机器使用说明书等维护管理书籍的编写造册
运转维护管理者	·运转维护管理教育培训程序的受训及对设备的理解 ·功能性能试验现场会

最终调整阶段的认证，其目的在于施工结束后的设备系统改造后的运用阶段，作为改善方案能否达到用户所要求的性能，即对目标中的性能做确认、认证。

首先，要对工程承包者进行的检查及调试记录和结果进行确认。已施工的设备系统为了确认其基本功能和性能，以CA为主编写事前功能性能试验事前审查表[*1]，用来确认调试确实已实施完成。调试结果确认之后，再做功能性能试验[*2]。功能性能试验，是交工之前最终调整阶段可实施的试验和进入使用阶段竣工后1年内实施的试验及整理，一般大致可分为闭环试验[*3]、季节性能试验[*4]和全年性能试验[*5]。CA在调查部分及改造计划上对改善方案中提出的功能和性能给出明确定义，编写功能性能试验要领书及功能性能试验计划书。功能性能试验在CA的指挥下，由认证相关人员、运转维护管理者等协助，工程承包者实施。功能性能试验中，要把握好最大能力、额定性能、部分负

[*1] 对于已实施的检查及调试作业内容及结果，要在工程承包方提交给CA的检查记录表的基础上，由CA将实施功能性能试验后确认好的项目编写成审查表。

[*2] 为了满足发包方的企划宗旨，发挥出符合最终设计要件的功能性能，各要素机器、辅机以及全系统的协调（含稳定性和耐久性）动作，在可预见结果的能耗情况下，使设计意图的目标环境得以实现，在CA的指挥下对进行的试验做确认。

[*3] 为了验证功能性能试验中控制性及部分负荷性能而做的项目，也叫体现控制回路试验。另外，在功能性能试验中为了验证要素机器及辅机系统的最大能力，也进行该项目，脱离后备控制回路的应答试验也叫开路试验。

[*4] 从交工阶段到竣工后使用阶段的1年之内实施，依附于制冷、采暖峰值负荷期、过渡季等各季节运转的确认项目所实施的试验。

[*5] 指1年内运转实绩的基础上，设备系统的能效等作全年性能确认的试验。

荷特性及控制性能，确认"发挥符合规定条件的功能而且动作稳定"以及"在预定的能耗标准之下实现目标环境"。万一功能性能试验的实施结果被判定为不能确保目标要求的性能，CA要给用户做解释，拿出适宜的改善方案，请工程承包方纠正以求稳妥。

CA根据调试结果及功能性能试验的结果，把已施工的设备系统使用上相关的信息整理成系统控制、操作说明书，传送给运转维护管理者，策划教育培训程序，开展运转维护管理教育、指导，这也是很重要的一项工作。

最后，CA要把定量、定性的确认结果编写成认证报告书，向用户报告建筑物的性能改善工程已结束，变为"工程结束"

5 后续性能验证

（1）运行维护管理阶段的认证

工程竣工后，设备交付使用，建筑物管理者开始运转管理进入运行维护管理阶段。重复性能验证（还原认证），以拿到最终重复性能验证报告书才视为完成。发包方（建筑物维护管理者）根据该报告书内容编写建筑物维护管理计划，决定维护管理体制等用于有效使用设备的基本事项，制定含中长期观点在内的设施运用方针及活动细则。与此同时，开展后续的常态性能验证及将来的重复性能验证，建筑及设备系统的性能要在其寿命周期跨度内持续性地进行验证，这是很重要的一项内容。这一系列带有程序性结构的性能验证活动被称为后续性能验证（**图2.21**）。以下简要叙述后续性能验证的作用及其必要性。

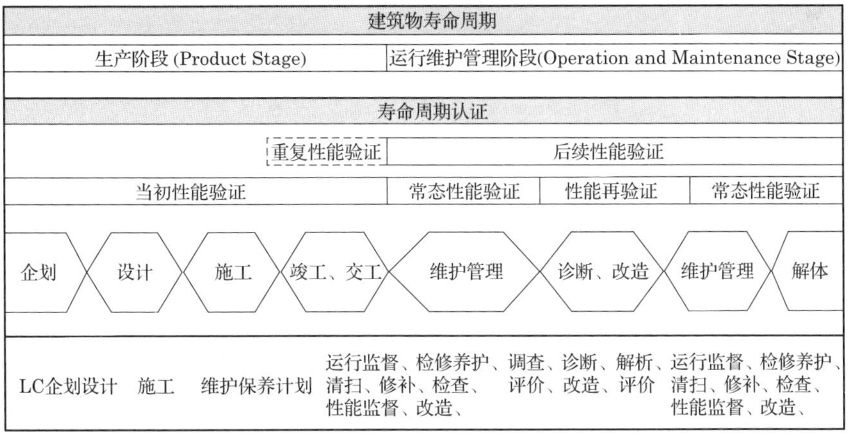

建筑物寿命周期								
生产阶段 (Product Stage)				运行维护管理阶段(Operation and Maintenance Stage)				
寿命周期认证								
		重复性能验证		后续性能验证				
当初性能验证				常态性能验证		性能再验证		常态性能验证
企划	设计	施工	竣工、交工	维护管理		诊断、改造	维护管理	解体
LC企划设计	施工	维护保养计划	运行监督、检修养护、清扫、修补、检查、性能监督、改造		调查、诊断、解析、评价、改造、评价		运行监督、检修养护、清扫、修补、检查、性能监督、改造	

[出处]建筑设备认证协会：建筑设备性能验证手册

图2.21 建筑物寿命周期与后续性能验证

（2）引进后续性能验证的必要性

（a）与能源、环境问题相关的社会背景

CO_2减排是防止全球变暖的非常重要的课题，节能法的修订，东京都环保条例规定的防止全球变暖对策报告制度等，在要求对事业所的能耗量采取确实有效对策的同时，ISO 50001（能源管理系统）的正式实施等，已使写字楼的能耗削减形成燃眉之势。

（b）围绕建筑物及设备条件变化的因素

机器及所用部件的老化、运行管理体制的变更、建筑物使用形态的变更（用途变更、利用方式改变）、能源价格变动、法规条例等的修订、技术革新导致既有设备的陈旧化等，各种因素环绕着建筑物及设备系统，建筑物的管理者面对这些变化要随时跟进，启用适宜的设备系统势在必行。

由于机器、部件的老化等原因，设备性能经年累月逐渐下降，这是设备的宿命。为了持续确保设备性能，日常维护管理和设备性能的监督丝毫不能懈怠，需要适时地进行重新调整、修补、更新、改善等（**图2.22**）。如同车辆的年检制度一样，要持续、定期地检查设备性能，即把日常维护管理与定期诊断、分析评价两大要素结合起来作

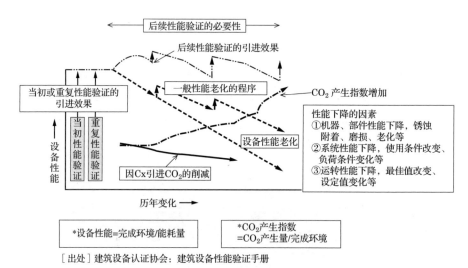

［出处］建筑设备认证协会：建筑设备性能验证手册

图2.22　设备寿命周期与认证的作用

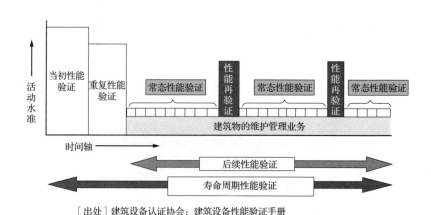

［出处］建筑设备认证协会：建筑设备性能验证手册

图2.23　建筑物的维护管理与后续性能验证

为适当的流程来使用。而对设备性能按体系、分系统的定期诊断、分析、评价，还需要专业技术。所以，在日常维护管理的基础上，引进由常态性能验证和较强专业性的性能再验证构成的后续性能验证过程，要求构筑一种涵盖终身的"设备性能维护机构"（**图2.23**）。

（3）常态性能验证

常态性能验证的目的如下：

①根据重复性能验证的验证结果，保持验证过的适当性能的同时，跟踪未解决问题及未确认事项，以保证验证效果的准确无误。

②检查建筑物使用条件、运转条件的变更、户外气温条件的变动、机器的老化等变动要素对设备性能的影响，明确系统及机器设备最佳运转中的课题后，着手解决。

（a）组织的定位、构成及活动

常态性能验证组织（**图2.24**）作为基本常设机构编入维护运行管理体制的同时，更理想状态是该组织应由建筑物管理者方面的成员组成。由重复性能验证的临时组织实施性能验证后的数年内，要接受当时成员的建议，在缔结顾问合同基础上请对方参与其中。建筑物的管理者方面如果难以确保性能验证专业人员的提供，可以考虑由外部的性能验证人员替代参加。

活动按每年2～4次安排，组织召开性能验证会议，出现重要问题、新课题时可随时召集会议。性能验证会议由设备管理者、设备的技术管理人员、运转操作人员、维护服务人员以及其他外部顾问、Cx提供者等组成。改造工程等完成之后，建议相关设计者、工程承包方的相关人员也参与其中。

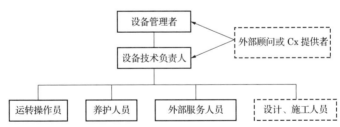

[出处] 建筑设备认证协会：建筑设备性能验证手册

图2.24 常态性能验证组织的构成

（b）常态性能验证实施后的重点

基本上有日常业务中的性能验证及在此基础上应开展的协调、修复等，而验证课题、监督指标的落实及目标的设定方面很重要的一点是事先编写计划书。对象是设施整体或辅机系统及设备单位，需要考虑以下性能验证项目与性能指标。

①已实现的室内环境水平或输出

②能耗或资源用量及其原单位（一次能源基准）

③能耗系数或系统整体 COP 及辅机系统 COP（一次能源基准）

④单体机器效率 $\cdot COP$

⑤运转条件的落实

以上称作性能评价图、BEMS评价表的设备系统的性能评价，可以按账单方式制表，作为文件保存是很重要的工作。

（c）与节能法所规定的管理标准的协调

节能法所规定的判断基准中的管理基准，并不仅限于指定的能源管理工厂，它适用于所有能源事业场所。所谓管理标准，就是各事业场所、设备都要从节能观点出发制定更有效的运转管理要领，把握设备性能及运行状况，以便于随时确认是否处于最佳运行状态的基准书。尤其是指定的能源管理工厂，每年都要编写定期报告、中长期计划书、管理标准。所以，常态性能验证中的监督指标及目标希望按管理标准来设置内容。另外，由法令及行政指导下的能耗削减对策和运用，与其实效性的对应也是重要一环。

（4）性能再验证

引进性能再验证的目的如下：

①重复性能验证已经在实施，但实施过程要经过很长时间，其间建筑物、设备的使用条件发生较大变化时

②常态性能验证问题点尚未充分明确，需要由专家做体系性、系统性的诊断、分析、评价时

③需要对常态性能验证过程做确认与评价时

（a）组织的定位与构成

性能再验证通常超出建筑物的维护管理业务及常态性能验证的范围，是为了对照建筑物使用现状，分析、评价设备老化及系统现状提出并实施改善方案的流程，该组织建议由建筑物管理者下设的专业技术人员组成临时机构（**图2.25**）。

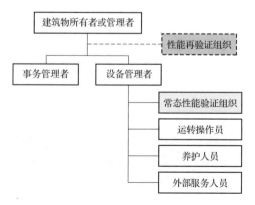

图2.25 建筑物的维护管理体制与后续性能验证组织

［出处］建筑设备认证协会：建筑设备性能验证手册

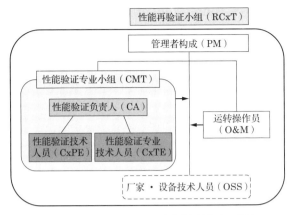

［出处］建筑设备认证协会：建筑设备性能验证手册

图2.26 性能再验证组织的构成

性能再验证小组由工程管理者、性能验证专业小组和指名的设施运转操作员构成。性能验证专业小组（CMT）根据目的和作业内容组建，基本上由性能验证负责人（CA）及性能验证技术人员（CxPE）、验证专业技术人员（CxTE）组成（**图2.26**）。

（b）性能再验证实施的重点

性能再验证基本上与重复性能验证的流程一样，根据验证对象和内容具有如下特征：

①老化的诊断、验证、评价：以设备改造、更新为目的，以设备老化诊断为焦点其目标在于确定改造方针及范围的方案。

②系统的诊断、验证、评价：在建筑物用途、使用状态变更后的应对、能源方面及其他原因，谋求系统的全新化改造等，以系统的更新改造为焦点，以较高性价比的改善方案和验证作为目标。

③运行的诊断、验证、评价：随着能源情况的变化、运行维护体制的变更等，运行控制的最佳化就成为焦点，在节能性能的发挥及运转管理成本的削减等方面的指标上，特定出设定值、控制特性的变化等运转管理办法改进方案，以更高的最佳化运用方案为目标。

总之，实施特定的工程中，企划书中对工程的性能再验证的目的和动机希望给予明确，由此才可能进行高性价比的性能再验证。另外，新方案系统、设定值及控制方法发生变更时，对系统手册进行修订、更新的同时，还需要对运转维护管理者进行教育培训。

【文　献】

1）空気調和・衛生工学会コミッショニング委員会委員長　中原信生（環境システック中原研究処），他共著　SHASE-G0006-2004「建築設備の性能検証過程指針」（2005.11）

2）特定非営利活動法人建築設備コミッショニング協会：新築建物の蓄熱システムの性能検証と機能性能試験マニュアル（2010.3）

3.1　自然能源的利用

　　建筑门窗把日光引入室内空间，带来眺望性，便于观察外界变化，具有提高室内空间环境的功能。可是，面临建筑物节能这一紧急课题，尤其在贯通热流的进出及太阳能的获取上，对处于不利位置的建筑门窗的热的应对，堪称最基本的重要项目。

　　但是，对设计性、内部空间的开放性的高要求等，仍促成建筑物门窗面积的增大趋势。在这一背景下，如吹风型窗（以下标记为AFW）所展现的那种建筑物与空调系统一体化的高性能门窗系统被开发出来，写字楼建筑上采用的越来越多。另有一种Low-E玻璃，以其优越的保温、隔热性能被广泛采用。但是这些先进的门窗系统、高性能玻璃的应用，往往多见于大型建筑或新型建材的场合，从总建筑面积的角度来看，在占大多数的中小型建筑物及既有建筑物上的使用还很有限。不仅先进的大型建筑，中小型建筑物和既有建筑物如何经过简单的节能改造，把节能性能提升到一个新高度也是一个重要课题。

　　作为主要的自然能源利用方法，有通风、户外空气制冷、夜间净化、自然冷却、太阳热利用、太阳能发电、白天日照的利用等，基本上都要求气象条件与建筑物可用程度的整合性，特别是还要受季节与气候的制约。另外，很多大规模的设备系统改造等随之而来的还有成本问题。上面举出的应用当中，白天日照的利用其效果全年有所期望，可以说是最简单最合理的引进方法之一。这一章就掌控光、热引进建筑物，通过建筑门窗特点及相应的改造提高效展开后面内容。

3.2　建筑物外墙性能与能耗的关系

1　写字楼自然采光的定位

　　写字楼的照明约占其能耗的20%～30%，照明器材在室内的散热还会产生热负荷问题，可抑制照明输出的自然采光在建筑物节能上的影响之大，超乎人们想象。比如调光照明系统，就是利用自然采光削减照明电力、制冷负荷的一种方法。装设简便，廉价而又连续调光的变频方式出现后，近年越来越普及。

　　HF型日光灯的发光效率约100lm/W，靠单体芯片提高效率的LED灯效果更为惊人，作为照明器具在实用上的效率还有待提高。太阳光的发光效率为100～130lm/W，日照遮挡装置、波长选择型强的玻璃，进一步再借助通风窗等，理论上达到170lm/W程度的高效照明装置是完全可能的。

2 百叶窗的自动控制

写字楼的自然采光并非听任天气变化需窗口有阳光才可以，根据以往的调查研究[1]表明，直射光进入室内对办公环境不利。但是，遮挡装置的调整可一改室内的光照、视觉环境，大房间办公室靠手动调整比较麻烦，往往全天处于遮蔽状态，这样就放弃了自然采光，丧失了眺望、传递外界变化的信息等这些窗口固有的功能。

所以，自然采光中对日照的遮挡和利用应做到两者兼顾。做到这一点的方法，建议按气象条件采用百叶窗自动控制系统，而且多内置于窗户系统里面。空气调和·卫生工学会为了正式普及推广，正在将其标准化。

3 自然采光节能效果的计算

（1）计算概要

以建筑空间内光环境的预测评价为目的进行的模拟软件很多，也可以做高精度的视环境预测。但是，有关节能这方面所需的累年计算无法使用。BEST就有关自然采光的节能效果，把建筑、空调、电气几大专业的研究做了简单输入，这是用实用精度、计算成本，就可以定量实施的为数不多的程序之一。而且BEST中自然采光的计算方法还扩充了HASP-L。

（2）玻璃面积对空调、照明能耗的影响

这方面如**表3.1**所示，利用对不同性能值、具有代表性的4种玻璃，从感性上解析实例，介绍玻璃面积对空调、照明电耗的影响程度。

表3.1　研究对象的玻璃性能值

	可视光特性		热性能	
	透过率 （－）	反射率 （－）	总传热系数 （W/mK）	日照热获取率 （－）
透明	0.88	0.88	5.8	0.82
双层透明	0.79	0.15	2.9	0.73
高性能热反射	0.08	0.41	4.6	0.22
Low-E（Ag2）双层	0.67	0.12	1.6	0.39

计算对象建筑物样板及全年计算条件一览如**图3.1**所示。评价对象用南侧周边区域，占据外墙的窗户面积率在0.3%～92.5%之间变化。百叶窗的自动控制条件要求板条用明色。照明位于主方位的窗面纵深方向按1.5m间隔设置，调光控制要设置成连续调光，使地板以上75cm高度桌面上的照度保持在750lx以上。

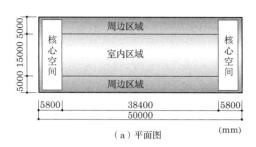

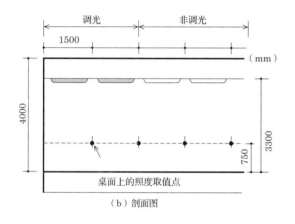

项目		设定值
	房间面积	192 m²
	顶棚高度	2.7 m
	窗户面积	89 m²
	外墙面积	38 m²
墙面	外墙	1.16 W/（m²·K）
	内墙	1.97 W/（m²·K）
	顶棚、地面	1.51 W/（m²·K）
照明	照明器械	照明
	密度	15 W/m²
	发光效率	100 lm/W
	适宜照度补偿	750 lx
	照明计划	100% 80% 40%（h） 1 4 7 10 13 16 19 22
房间使用状况	在室人数	0.1 人/m²
	在室计划	67%（h） 33% 1 4 7 10 13 16 19 22
	OA 电量	10 W/m²
	OA 计划	100% 50% 20% 70%（h） 1 4 7 10 13 16 19 22
空调设置	温度	夏季
		过渡季
		冬季
	湿度	40%~60%
	外气导入量	3.5 m³/（m²·h）

（c）建筑物·计划条件

图3.1　计算对象写字楼及输入条件概要

有无百叶窗、调光控制的对比结果如**图3.2**所示。一次能源可从空调负荷及照明的电量简易换算出来。随着高遮挡性能的热反射SS8窗口面积的增大，采暖负荷也呈增大趋势，制冷负荷因SS8窗口面积的扩大所受影响要小。其他依次为，透明单层玻璃、透明双层玻璃、Low-E双层玻璃。透明单层玻璃依调光的有无存在10%的差别。至于照明电量，可视光很难透过的SS8，即使增大窗户面积，白天光照的利用也很难取得效果。其他玻璃可以有效利用白天的光照，但在节电效果上还有若干区别。

对玻璃种类进行的比较如**图3.3**所示，可见调光可以明显扭转能耗增加的趋势。由此可见在可以调光的场合上，窗户面积率的扩大所导致的变化幅度，也是依不同玻璃的可见光适光性及热性能而有很大区别，难以透过可视光的SS8即便扩大窗面积也不会有增减变化。热性能较差的透明单层玻璃，如开口率在20%以内，白天利用日照的效果可以降低能耗，此后因热量获取非常有效而急剧加大。兼具可视光高透光性与日照遮挡性能、保温性能的Low-E玻璃，开口率在40%以内时能耗下降，此后应用开始

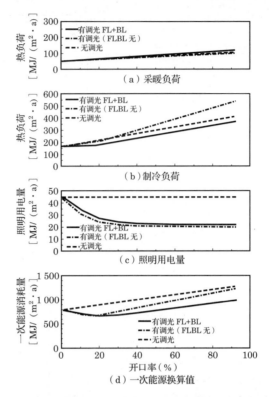

图3.2 有无百叶窗、调光控制对热负荷、照明用电量的影响（透明单层玻璃）

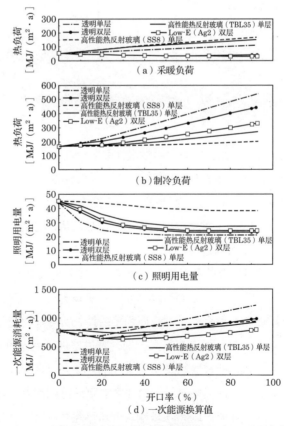

图3.3 不同玻璃对热负荷、照明用电量的影响（BL·带调光）

增多，抑制了能耗降低。

4 高性能玻璃及白天光照利用带来的节能改造效果

靠自然采光的调光控制比较容易引进，而且直接削减照明用电量与间接削减热负荷这一双重效应，使其节能效果值得期待。近年来建筑物上所见到的全面设置建筑门窗的大楼，通过日照遮挡与白天光照利用的适当组合，也同样可以抑制能耗增长的势头。

【文 献】

1）井上隆，松尾陽：日射遮蔽装置の使用実態に関する調査研究，日本建築学会計画系論文報告集，No.378，pp.10-18（1987.8）

3.3 既有建筑门窗的措施

1 隔热技术现状

通过Low-E双层玻璃、AFW等窗系统的引进，提高了建筑门窗的保温性和隔热性，节能效果的改善一目了然。一方面，主要以既有建筑物为对象，标榜较高隔热性的百叶窗、窗用膜（下面统称隔热百叶窗及隔热膜）大量上市，这些如果能从实用性能上给予证明，与高性能窗系统及玻璃相比，其比较经济的价格很容易在既有建筑上使用，具时效性的节能手法又多出一种选择。这种百叶窗、贴膜的隔热性能如**图3.4**、**图3.5**所示，日照量中约占一半为非可视近红外线域的日照，可通过可视光域按波长有选择地使其透过、反射。

本节将用一定篇幅论述隔热百叶窗及隔热贴膜对近红外域日照的遮挡所产生的节

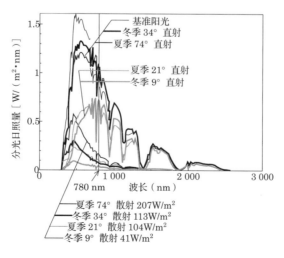

图3.4 Bird样本的日照分布

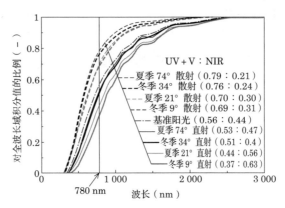

图3.5 各波长的积分值对全波长域积分值的比例

能效果以及建筑物的可适用性。

首先，计算全年热负荷所需的热、光性能值及角度特性，在窗面施工后实际使用状态下热、光、视环境会受到哪些影响，都要明确下来。根据这些结果构筑计算样本，出示在全年气象数据基础上适用于各种窗户的节能功效的研究结果。

2 隔热产品的光学特征

（1）隔热百叶窗

图3.6为百叶窗板条表面分光反射率的测定结果，同时显示明色、中间色、暗色各种色调的普通型与隔热型。中间色、暗色中普通型、隔热型对紫外可视光都有同等反射率，而近红外域在隔热型的反射率上有大幅上升。另外，明色中普通型与隔热型只有微小差异。

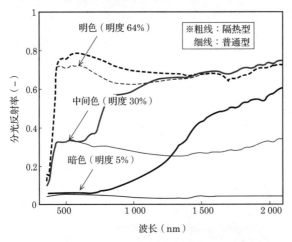

		ρ	ρ_{UV+V}	ρ_{NIR}
明色	普通	0.66	0.68	0.65
	隔热	0.72	0.73	0.70
中间色	普通	0.30	0.31	0.28
	隔热	0.46	0.34	0.62
暗色	普通	0.04	0.05	0.04
	隔热	0.14	0.06	0.23

图3.6 隔热百叶窗板条表面的分光反射率

（2）隔热贴膜

隔热贴膜的分光透过率、反射率的测定结果中，具代表性的4种试验体如**图3.7**所示。**图3.8**是与市售玻璃的比较，对Film1及Film2而言，紫外可视光域有较高透过率，

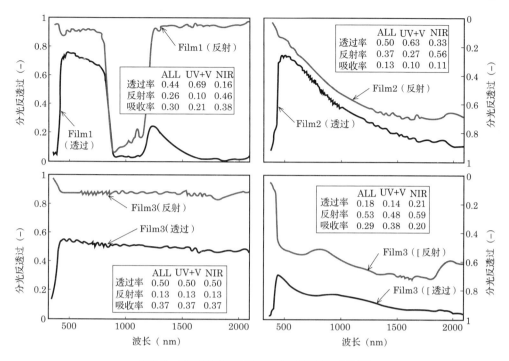

图3.7 具有代表性的隔热贴膜分光透过率、反射率

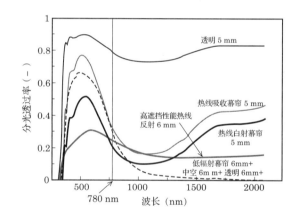

图3.8 具有代表性的玻璃分光透过率

而近红外域的透过率则明显被抑制，具有较高的反射率，较高的日照遮挡性能值得期待。另就Film3及Film4而言，在波长上没有选择性，Film4反射率优于透过率。隔热贴膜依产品的不同有很大区别，其波长特性可想而知。以上研究对象窗户、贴膜的窗性能值归纳为**表3.2**和**表3.3**。**图3.9**针对板厚6mm的普通玻璃与板厚3mm的透明单层玻璃（以下称FL）上贴有各种隔热贴膜的玻璃，给出了日照获得率（横轴）与可视光透过率（纵轴）的关系。**图3.9**（a）为不同颜色的20种玻璃，**图3.9**（b）为适用于透明玻璃的18种贴膜的图示。

表3.2　普通玻璃一览[6mm厚]

种类	颜色	可视光		日照		
		透过率	反射率	透过率	反射率	日照热获得率
透明		0.88	0.08	0.80	0.07	0.84
热线吸收	蓝	0.79	0.07	0.60	0.06	0.71
	灰	0.49	0.05	0.50	0.06	0.65
	茶色	0.56	0.06	0.56	0.06	0.69
	绿	0.73	0.07	0.45	0.06	0.62
热线反射		0.63	0.32	0.62	0.23	0.67
	蓝	0.54	0.25	0.42	0.16	0.56
	灰	0.3	0.11	0.34	0.10	0.54
	茶色	0.35	0.13	0.40	0.11	0.57
	绿	0.50	0.22	0.30	0.12	0.50
高性能热线反射		0.09	0.42	0.07	0.35	0.23
		0.20	0.23	0.17	0.20	0.35
		0.34	0.11	0.30	0.10	0.49
		0.30	0.15	0.23	0.15	0.41
		0.37	0.19	0.29	0.16	0.46
		0.30	0.31	0.23	0.24	0.39
隔热型Low-E	绿	0.64	0.13	0.35	0.27	0.42
	灰	0.70	0.18	0.48	0.23	0.56
	绿	0.68	0.10	0.37	0.25	0.44
		0.75	0.12	0.52	0.18	0.60

*　玻璃颜色见样本参考标记

表3.3　遮光贴膜一览

	总厚度（μm）	可视光		日照		
		透过率	反射率	透过率	反射率	日照热获得率
Film1	60	0.66	0.09	0.40	0.16	0.55
Film2	60	0.67	0.20	0.45	0.29	0.54
Film3	33	0.52	0.11	0.45	0.10	0.61
Film4	75	0.18	0.55	0.13	0.48	0.26

*　性能值指粘贴于透明单层6mm厚玻璃时

　　纵轴数值越大，室内可作为日照利用的有效可视光，就越有可能避开热量获取地加以利用，并作为波长选择性能好的玻璃的基准。不管怎么说，从已展示出的可视光透过率与日照热获得率两者很强的相关性可以看出，普通玻璃中隔热型Low-E玻璃（外侧玻璃上有反射膜）具有较宽的波长选择性。隔热贴膜中显现出分光特性的Film1和Film2也同样具有较宽的波长选择性。

　　另外，贴有Film1和Film2的玻璃透过率及反射率的入射角特性，与透明单板的比较如**图3.10**，依种类的不同，角度特性上有很大区别。热负荷计算中要给出各种类型贴膜的入射角特性。

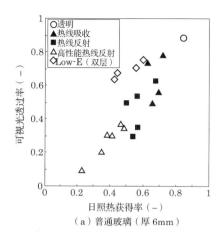
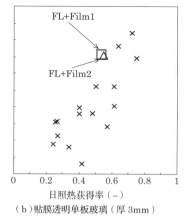

（a）普通玻璃（厚6mm）　　　　　（b）贴膜透明单板玻璃（厚3mm）

图3.9　普通玻璃与贴膜的波长选择性能比较

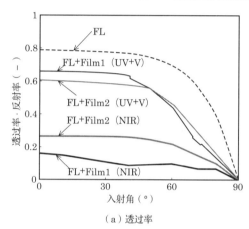
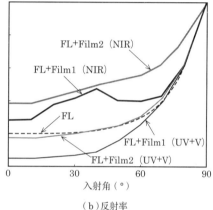

（a）透过率　　　　　　　　　　（b）反射率

图3.10　入射角特性

③ 实用状态下的评价

（1）测定概要

前面一节阐明了隔热百叶窗与贴膜作为单体的光学特性。这一节从实际出发，就建筑物的实装情况，在随时变化的气象条件下的性能做实测说明。

实测如**图3.11**所示，在西侧开有窗户的房间做实测，对象房间处于建筑物周边不受其他障碍物影响的位置。按办公用房做设想，室温设定为26℃。如**图3.12**所示，窗面的测定以透过、反射日照量及窗面辉度分布的测定为中心进行。测定项目及使用的仪器一览如**表3.4**所示。基本窗规格为FL（板厚3mm）及中间色百叶窗（普通型）的组合，百叶窗中的明色为普通型，中间色为隔热型，玻璃采用Low-E双层（隔热型3+6+3mm，η=0.42）及换装了显示出波长宽选择性较宽的FL+ Film1、FL+ Film2，最多同时4种窗规格，于同一窗面内进行了对比实验。

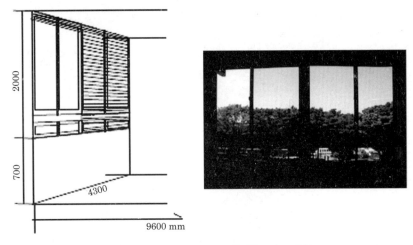

图3.11 测定对象房间断面模式图及窗面照片

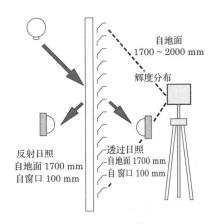

图3.12 测定模式图

表3.4 测定项目

测定项目	使用仪器
温度	0.1 mm 热电耦
热成像	NEC/TH–9100MV
分光日照量	ASD/Field Spec Pro
窗面热流	全面热流表型计测箱
窗面辉度	Konica Minolta/CA–2000

（2）隔热百叶窗实态性能

图3.13为板条全闭状态的普通型与隔热性兼用百叶窗的分光透过率、反射率和吸收率的测定结果。近红外域中的反射率，隔热型优于普通型，日照吸收率大约低0.2。其他依季节条件有时也有同样结果。直射日照折射角较小的西侧处于峰值时，由于对直射日照有遮挡，百叶窗板条近于全闭状态，所以，

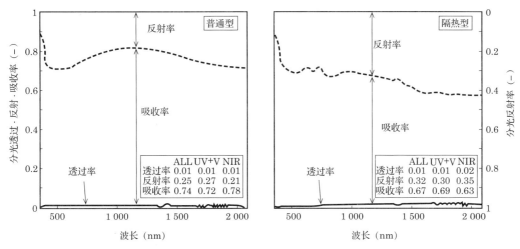

图3.13　全闭兼用百叶窗的分光特性（2008年9月24日15:05 晴天）

使用隔热型百叶窗可削减对日照热的吸收，这一效果值得期待。接着担心的是百叶窗板条角度会不会增加透过的日照量，为此，用于遮挡直射日照而改变板条角度的不同时间里，又做了同样的计测。在没有直射日照的上午，把板条角度设定为水平，13:30为45°，14:30为60°。

图3.14为分光透过率的测定结果。从隔热型与普通型对比结果来看，紫外可视光域各时间段没有区别，可是，近红外域出现微弱的透过率上升，对室内的影响是有限的。

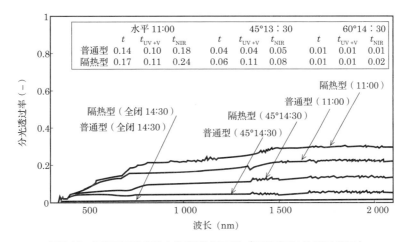

图3.14　板条不同角度状态分光透过率对比（2007年11月18日 晴天）

晴天状态下终日持续的中间期较典型日子里，隔热型及普通型百叶窗的窗周围温度同时计测结果如**图3.15**所示。从板条表面温度来看，在没有直射日照的时间段，隔热型与普通型没有区别，但直射日照时峰值时间段里隔热型要比普通型低大约5K。在与玻璃组合的状态下，显示出近红外域的日照有很强的反射效果。

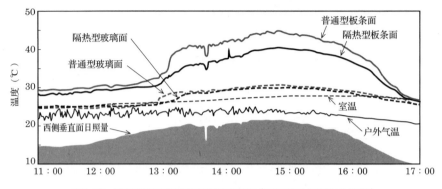

图3.15 板条表面及玻璃表面的温度变化（2008年10月21日 晴天）

（3）隔热贴膜的实态性能

（a）窗单体的日照热获取

图3.16显示在没有百叶窗情况下各种窗面的分光透过、反射日照量的测定结果。FL在全波长带透过量是最大的，Film1和Film2都可以达到与Low-E同样程度，在选择波长的情况下透过日照。而反射日照中各种贴膜也大多可以反射近红外域的日照，但对于紫外可视光域特征则有所区别。

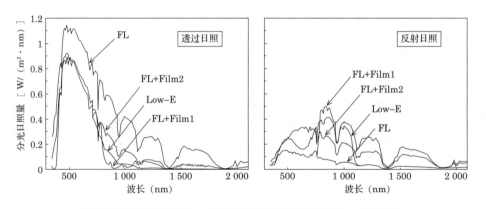

图3.16 窗面的分光透过、反射日照量（2008年9月24日14：50 晴天）

对于这些窗规格，使用全面热流表型的日照热获取率计测装置，做直接的日照热获取率对比计测，所得结果如**图3.17**所示。首先，由**图3.17**（a）列举的FL+Film1随时间的变动情况可知，自日照量达到峰值的15：00起，窗面温度上升带来的日照热获取率有若干上升，但窗单体的获取值约0.55。与同一时间的测定结果所做对比如**图3.17**（b），FL上适合贴隔热膜的玻璃与不及Low-E的FL相比，日照热获取率得到了抑制。

（b）百叶窗并用时的热性能

设想在使用百叶窗遮挡直接日照的实际状态下，明色百叶窗并用时对各种窗规格进行对比计测。过渡季具代表性的日子里，玻璃及板条表面温度的变化情况如**图3.18**所示。玻璃表面、板条表面都是Low-E的温度低。

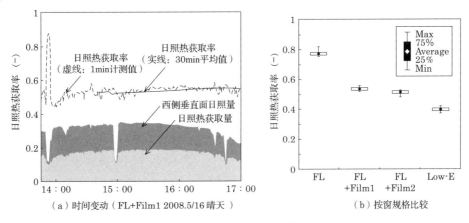

（a）时间变动（FL+Film1 2008.5/16晴天）　　（b）按窗规格比较

图3.17　贴隔热膜窗的日照热获取率

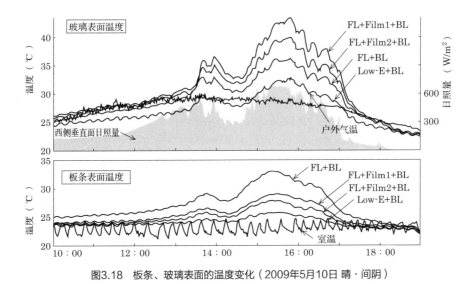

图3.18　板条、玻璃表面的温度变化（2009年5月10日 晴·间阴）

Film1因处于近红外域，日照吸收量大而导致玻璃表面温度高的结果，但入射到板条表面的近红外域通过日照量较低，因此板条表面温度对FL可抑制在5K左右的低水平上。Film2处于近红外域日照透过率及吸收率都较低，板条表面温度可达到降低7K左右的效果。适合隔热膜的玻璃，在百叶窗并用时因辐射热降低，热环境的改善效果值得期待。

（c）对光、视环境的影响

对于贴膜导致白天光色受到的影响所做研究如**图3.19**，可见在多种不同规格的窗面上，色温及色度随时间变动的测定结果。色温及色度是用色彩辉度计测定的XYZ检测值的面分布，由此将窗面内平均化后做了计算。由**图3.19**（a）可知，可视光域内分光透过率的变化很小，对于相当于白天光照的透过光，FL、Film1与Low-E处于同等程度，而Film2则上升到更大的色温上。画出同一时间段色度的**图3.19**（b）中，Film2色度也出现若干区别，贴膜透过光的色特性也需要留意。

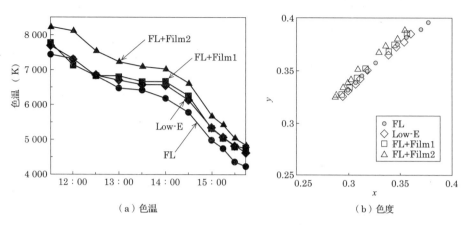

（a）色温　　　　　　　　　　　　　（b）色度

图3.19　窗面透过光的色温、色度变化（2007年12月27日 晴天）

4 节能效果研究

（1）计算概要

在实测得到的隔热百叶窗及隔热膜光学特性的基础上，计算了全年热负荷及照明电耗方面的效果。窗的热收支计算采用以往一次元常态热收支公式，对与百叶窗并用的普通窗、PPW（推拉窗）、AFW的窗规格做了对比研究，玻璃厚度为6mm。如果没有特别表述，可并用中间色的普通百叶窗，把板条调至最小角度遮挡直接日照。日照热的计算，要区分紫外可视光域和近红外域两个波长带，并给出窗的波长选择性进行计算。AFW及PPW的通风量按50CMH/m，其他窗周围的计算条件基于以往的文献设置。另外，热负荷的计算用应答系数法计算非常态热负荷时，要使用由白天光照度与照明调光控制计算组合起来的程序，并且要设定以具备照明调光控制的写字楼作为计算条件。

（2）窗面热获取、光透过

图3.20显示的是西侧方位夏季峰值日不同窗规格累计日照热的获取及透过光通量的对比结果。图中给出了到达窗面的日照量明细（透过日照量、吸收日照获取、贯穿热、窗系统排热、反射·向户外排热）、透过光通量。峰值时间里来自窗面辐射作用对于窗户以上1m位置的人体造成的温度上升幅度ΔCOT为左轴，对于日照热获取率及透过光通量带来的日照热获取量的比例，也就是发光效率为右轴，分别由这两轴显示。

首先，隔热百叶窗、各种隔热贴膜及普通玻璃的对比如**图3.20**（a）所示，可以看出与隔热百叶窗相比，隔热贴膜的变化更大。隔热百叶窗与普通百叶窗相比，窗面温度下降效果好的一方透过日照量有若干增加，可看出日照热获取率及作用温度的改善效果。隔热贴膜的效果依种类的不同有较大区别，Film4日照热获取率降低约0.5，发光效率大幅下降，看不出白天日照利用的效果。对此，Film1的日照热获取率下降约

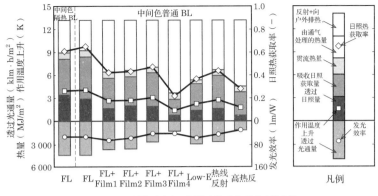

（a）隔热百叶窗、隔热贴膜及普通玻璃的比较

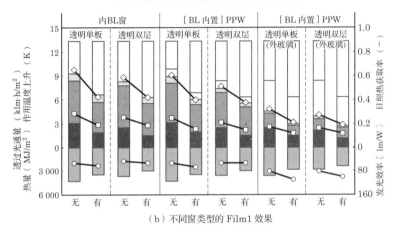

（b）不同窗类型的 Film1 效果

图3.20 日累计日照热获取及透过光通量（西侧方位·夏季峰值日）

0.3，透过光通量也有若干减少，而发光效率与Low-E有同等程度的上升。

另外，一般的窗规格上使用效果很明显的Film1，对各种类型窗适用效果的比较如**图3.20**（b），可以看出，对窗系统PPW、AFW都有很明确的适用效果。

（3）热负荷、照明耗电量

图3.21显示的是西侧方位周边全年制冷采暖负荷及照明用电量方面不同窗规格的对比结果。其中关于照明，同时显示室内活动时间段平均点灯率（最大功率时为1.0）。隔热贴膜带来的效果依膜种类而不同，采暖负荷有若干增加，而制冷负荷的削减效果很明显，可达到20%～40%这一大幅降低负荷的效果。Film4热负荷有更大的削减，而白天利用日照的效果较小，照明用电量增加。若将日照遮挡与白天利用日照的效果一并考虑，具有较高波长选择性的Film1效果最明显。PPW、AFW上如适用Film1，也可以收到10%～20%的热负荷削减效果。另外，在玻璃厚12mm的情况下也有同样效果。从上述结果得知，不仅热性能差的窗规格，窗系统的各处只要遮蔽近红外日照都不难达到节能效果。

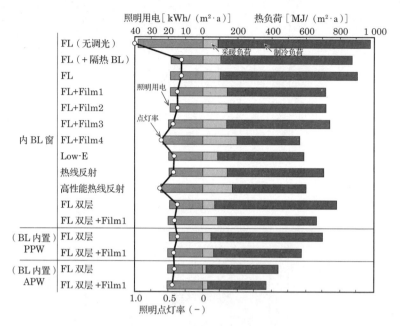

图3.21　全年热负荷、照明用电量的比较（西侧方位周边・东京）

5 利用隔热贴膜、百叶窗的节能改造

以市售的隔热百叶窗及隔热贴膜为对象，包括紫外可视光域、近红外域的光学特征的实测、设想实际使用状况的热、光、视环境的实测，基于对这些实测结果的模拟，当这些日照遮挡方法适用于各种窗系统时，对写字楼中全年热负荷、照明用电量所做的对比研究得出如下结果。

①并用百叶窗的窗户适用于近红外遮挡效果较好的贴膜时，板条的表面有明显的降温效果，长波长辐射环境有很大的改善。

②隔热百叶窗在近红外域也有扩散性反射性状，依板条角度及日照条件，一定程度上出现增大室内透过日照量的倾向。但是，可以比普通型更大幅度地降低板条表面温度，所以，可预见其全年热负荷有一定程度的削减效果。

③制冷效果突出的日照遮挡是写字楼的必备措施，这种近红外域的日照遮挡方法带来很好的节能效果，对辐射环境的改善也很有效。

④隔热贴膜的分光特性、入射角特性是有别于普通玻璃的一大特性，光学性能值、透过光色的误差很大。堪称具有最大波长选择性的贴膜，适于在透明单板上使用，因此，可以期待相当于隔热型Low-E双层玻璃的效果。

⑤在热负荷及辐射环境上，隔热贴膜具有比隔热百叶窗更好的效果，在热性能较差的窗户上效果尤为明显。由热性能较差的玻璃构成的PPW、AFW也能达到适用效果。

4.1　中央热源·空调系统

1 燃烧式热源系统

（1）直燃式吸收冷热水机与热水锅炉的实测要点

燃烧式热源机器中的吸收式热源机包括蒸汽直热、直燃、冷冻机、冷热水发生器，具有1~3种功能等多种类型、规格。同样，锅炉也有很多机种。下面就以直燃式吸收冷热水机和热水锅炉为例，通过**图4.1**、**图4.2**和**表4.1**说明它们的计测要点。

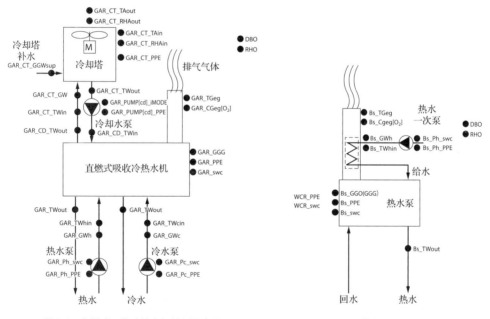

图4.1　直燃式吸收冷热水机计测要点图　　　　　图4.2　热水锅炉计测要点图

直燃式吸收冷热水机有关能源方面的评价指标包括①冷热水机单体COP、②一次泵WTF、③冷却水泵WTF、④冷热水机能力（冷水·热水）、⑤冷却塔冷却能力、⑥补水水量比、⑦热源系统COP（冷水·热水·综合）、⑧热负荷率（冷水·热水）等。热水锅炉包括①锅炉效率、②锅炉能力、③空气过剩率等，细节可参照文献1）。通常根据①热源单体COP、④热源能力老化程度来判断是否需要调整恢复或更新。

表4.1　直燃式吸收冷热水机计测要点示例[1]

机器		计测对象		计测要点符号
				TSC/namin_COde
燃气直燃型吸收式冷（温）水机组计测要点示例	本体			GAR[n]
		运转状态	ON/OFF	GAR[n]_SWC
		运转模式	1：制冷、2：采暖、3：热回收	GAR[n]_iMODE
		用电量		GAR[n]_PPE
		燃气用量（燃油用量）		GAR[n]_GGG (GAR[n]_GGO)
		温度	冷水入口温度 冷水出口温度 热水入口温度 热水出口温度 冷却水入口温度 冷却水出口温度	GAR[n]_TWcin GAR[n]_TWcout GAR[n]_TWhin GAR[n]_TWhout GAR[n]_CD_TWin GAR[n]_CD_TWout
		氧气浓度	排气含氧浓度	GAR[n]_CGeg[O_2]
		流量	热水流量	GAR[n]_GW
		流量	冷水流量	GAR[n]_GW
	冷水一次泵			GAR[n]_Pc
		运转状态	ON/OFF	GAR[n]_Pc_SWC
		用电量		GAR[n]_Pc_PPE
	热水一次泵			GAR[n]_Ph
		运转状态	ON/OFF	GAR[n]_Ph_SWC
		用电量		GAR[n]_Ph_PPE
	冷却塔			GAR[n]_CT
		运转状态	ON/OFF	GAR[n]_CT_SWC
		用电量		GAR[n]_CT_PPE
		温度	冷却塔入口空气干球温度 冷却塔出口空气干球温度 冷却塔入口冷却水温度 冷却塔出口冷却水温度	GAR[n]_CT_TAin GAR[n]_CT_TAout GAR[n]_CT_TWin GAR[n]_CT_TWout
		湿度	冷却塔入口空气相对湿度 冷却塔出口空气相对湿度	GAR[n]_CT_RHAin GAR[n]_CT_RHAout
		流量	冷却水流量 冷却塔补水量	GAR[n]_CT_GW GAR[n]_CT_GGWsup
	冷却水泵			GAR[n]_Pcd
		运转状态	ON/OFF	GAR[n]_Pcd_SWC
		用电量		GAR[n]_Pcd_PPE
户外空气		温度	户外干球温度	DBO
		湿度	户外相对湿度	RHO

（2）对吸收冷热水机性能恢复的调查与调整项目

（a）耐用年限

一般要与厂家签订维护管理合同，这种情况下耐用年限为20～25a。

（b）冷却能力、冷水出口温度与真空度

真空度如果下降能力也会随之下降，假如能力低的状态下仍能满足热负荷，也同样会增加二次侧输送动力，尤其当冷水出口温度未降压设定值以下时，会导致空调机除湿能力下降、二次侧输送动力也因此而加大。真空度的检测各种场合都是通过机器附带的气压表做目视检查，依机种的不同有些并不设置。

（c）热交换器的检查

冷热水（蒸发侧）与冷却水（凝缩侧）热交换器的水系一样，吸收液系的热交换器都是处于污渍状态，对管的壁厚等做检查。

（d）吸收液的管理

吸收液的状态有时会影响到热交换器，所以主要对吸收液（溴化锂乳剂）的如下项目进行管理：

①碱度（碱性）②阻化剂（防锈剂）的浓度管理

（e）排气气体的空气比

检查排气中的O_2、CO_2、SS，现场情况有时O_2并不在1.3以下，空气量的调整通过风门进行，但通常做定期维护检修时都要调整。

（3）对热水锅炉性能恢复的调查及调整项目

锅炉结构比较简单，长年使用会出现性能老化，通过清扫燃烧室，更换热交换器、抽气泵，初始性能有可能在短期内恢复。

但是，需要计测仪器（内部状态监视），仪表检查员仅凭目测检查不可能对其状况做出正确判断（**表4.2**）。

表4.2 热水锅炉计测要点示例[1)]

机器		计测对象		计测要点符号
				TSC/naming_code
热水锅炉	本体			Bh[n]
		运转状态	ON/OFF	Bh[n]_SWC
		用电量		Bh[n]_PPE
		燃气用量（燃油用量）		Bh[n]_GGG（Bh[n]_GGO）
		热度	热水入口温度 热水出口温度 排气温度	Bh[n]_TWin Bh[n]_TWout Bh[n]_TGeg
		氧气浓度	排气含氧浓度	Bh[n]_CGeg[O_2]
		流量	热水流量	Bh[n]_GW
	热水一次泵			Bh[n]_Ph
		运转状态	ON/OFF	Bh[n]_Ph_SWC
		用电量		Bh[n]_Ph_PPE
户外空气		温度	户外干球温度	DBO
		湿度	户外相对湿度	RHO

第2编 既有楼房的节能改造与实践

（a）燃烧室污渍（烟渍）

燃烧室内如有烟渍堆积，会产生加热性能下降，燃料消耗增加，排气温度上升等现象。

（b）热交换器锈皮

热交换器如附着锈皮，加热性能会下降，表现为热水水量减少，有时热水温度达不到设定值。反过来燃料消耗增加，排气气体温度上升很少。锈皮的过量附着，有时还会导致本体温度上升，燃烧器停止，热水无法运行。

（c）排气的空燃比

要把O_2、CO、SS值调整到适宜程度，以便燃烧得更为顺畅，通常多安排在定期维护检修时进行调整。

（d）真空度

处在真空式的场合，当真空度低、有氧气等混入时热交换器性能就会下降。机器附带的大气压-真空压力表可用来确认真空度，但无法判断氧气的混入。氧气混入如果是抽气泵内部的氧气残留，可以通过内部温度以自动排气方式排出。这是日常检修的主要项目之一。

（4）吸收式冷热水机的性能验证实例

图4.3～图4.6为竣工后20余年、稍显陈旧的机种，但经过适当的维护保养及运行上采用的措施抑制了性能老化的进程。持续运用中的直燃式吸收冷热水机的性能验证实例如图所示。

图4.3所示为按月列出的热源单体与热源系统的COP。要点如下。

①热源COP以制冷运行时，最高处于6月和10月的0.94（No.1），No.2的COP全年的变化比No.1低，最高为6月，固定在0.84。

②供暖运行的热源COP中，No.1和No.2相差很小，最高为1月的No.1的0.82（No.2为0.81）。

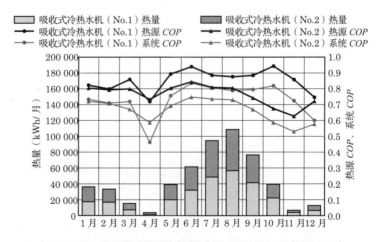

图4.3　直燃式吸收冷热水机的热源COP与热源系统COP（按月列出）

③热源系统*COP*、热源*COP*都显示为同一倾向，制冷时最高为6月的0.83，供暖时最大为1月的0.73。

④可以看出4月、11月的*COP*呈下降趋势，型号稍陈旧的本机低负荷时会因反复启停而使效率下降。

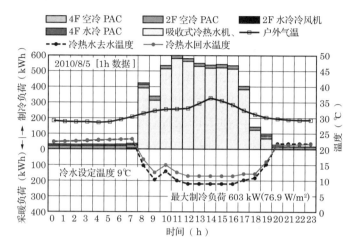

图4.4　该建筑物最大热负荷日的运行（制冷）

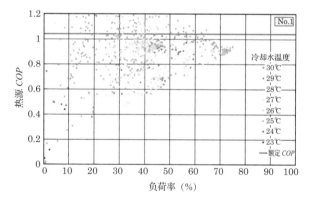

图4.5　直燃式吸收冷热水机的热源*COP*（热负荷率·不同冷却水温度：No.1）

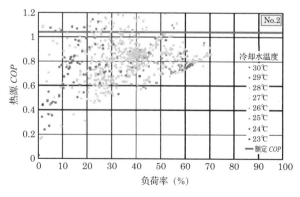

图4.6　直燃式吸收冷热水机的热源*COP*（热负荷率·不同冷却水温度：No.2）

⑤9月以后No.2的COP出现急剧下降，可能是冷水出入口温度传感器从保护管表面脱落的缘故。需要重新设置传感器或充填干油。

⑥本机额定运行条件（冷水12→7℃·热水55→60℃，冷却水32→37.5℃）下的热源单体COP制冷为1.04，供暖为0.83，从上述使用年限来看不应该出现如此程度的效率低下，另外**图4.5、图4.6**中的该建筑物最大热负荷率也不过75%，因此今后仍可以继续使用。

图4.4所示为本建筑物最大的热负荷日（制冷）热源整体的运行。热源冷水出口温度变为9℃，这并非性能老化，而是表明运行效率在提高，因为出口温度设定的就是9℃。从另外对室内热环境的测定结果来看，室内相对湿度大致变为50%～55%，有些部位已上升到近60%附近，需要确认送风温度。再有，空调机入口温度（9℃）较高等原因，冷水回水温度11℃，冷水温差未能确保在2℃左右，这也可能造成二次侧水的输送动力加大。还要考虑本案空调机（定风量方式）盘管性能问题，需要验证冷水温度的上升导致热源运行效率提高和二次侧水的输送动力加大两者的相抵作用。

直燃式吸收冷热水机的运行效率，受冷（热）水出口温度、热负荷率及冷却水温度的制约。本案冷水温度按9℃运行，如**图4.5～图4.6**所示，不同热负荷率的热源COP由不同冷却水温度显示，表明了如下一些要点。

①不论No.1还是No.2，热源效率与热源COP都没有关系，负荷率30%～75%大致处于COP0.6～1.1这一水平范围。

②负荷率如低于30%，热源机运行的反复启停往往导致COP低下的倾向。

③热负荷率最大约75%，虽然可以认为是性能的老化，但机器能力仍能满足现状的最大热负荷。

④本机即使冷却水温度下降，也无关COP会有多大的提高，冷却水下限温度是25℃，因此冷却水入口的设定温度为25℃。

顺便再看看竣工后持续使用20年以上的例子。本案（**图4.3～图4.6**）对制冷供暖能力与冷热水出口温度两者设定值与实测值的偏差实行验证，每年一次通过手动抽气等实施（当前已设置了自动抽气装置），而且运行多年性能老化较明显，不得已做了更新的短期计测（一周）的例子。

图4.7所示为直燃式吸收冷热水机的性能验证实例。按短期计测从冷却能力和燃气用量求出热源单体COP与额定条件下的COP的对比结果（**图4.8**）。不仅热负荷率，冷水出口温度、不同的冷却水温度都要验证，但另行计测结果表明，计测期间内冷水出口温度比设定的7℃高，上升到了10℃，冷却水温度也比额定入口条件的32℃低，**图4.8**中的性能老化明显，于是判定为更新机器。

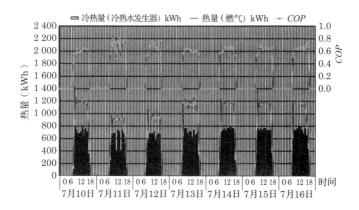

图4.7 直燃式吸收冷热水机的性能验证（冷却能力、燃气用量、COP变化）

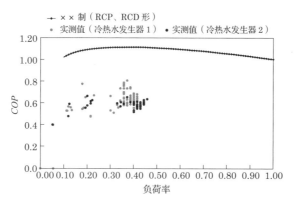

图4.8 直燃式吸收冷热水机COP验证（冷水运行）

2 电动热源系统

（1）冷冻机实测要点

电动热源机器分为水冷、空冷式、制冷专用冷风机、热泵式，还有选项中的排热回收型等很多种类型，就规格而言，比如这里引用的空气热源热泵冷风机和水冷冷风机。空气热源热泵冷风机和水冷冷风机计测要点如**图4.9**、**图4.10**和**表4.3**、**表4.4**所示。

有关能源的评价指标可参照①冷冻机单体COP[*1]、②一次泵WTF[*2]、③冷却水泵WTF、④冷冻机能力、⑤冷却塔冷却能力、⑥补水水量比、⑦热源系统COP、⑧热负荷率等，详见文献1）。一般按照①冷冻机单体COP、④冷冻机能力的老化程度判断调整恢复还是设备更新。

---

*1　*COP*（Coefficient of Performance，成绩系数）：主要用于表示热源效率。

*2　*WTF*＊（Water Transfer Factor，水输送效率）：泵的输送效率，此外的输送类效率有*ATF*＊（Air Transfer Factor）：空调机送风机的输送效率，*TTF*＊（Total Transfer Factor）：二次侧输送效率。

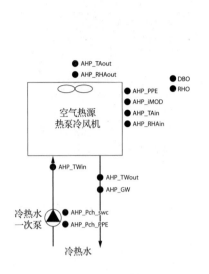

图4.9　空气热源热泵冷风机计测要点图

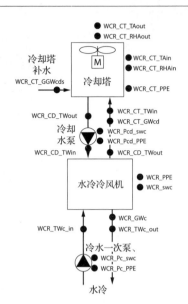

图4.10　水冷冷风机计测要点图

表4.3　空气热源热泵冷风机计测要点示例[1]

机器		计测对象		计测要点符号
				TSC/namingcode
空气热源热泵冷风机	本体			AHP[n]
		运转状态	ON/OFF	AHP[n]_SWC
		运转模式	1：制冷　2：供暖	AHP[n]_iMODE
		用电量		AHP[n]_PPE
		温度	冷水入口温度 冷水出口温度 入口空气干球温度 出口空气干球温度	AHP[n]_TWin AHP[n]_TWout AHP[n]_TAin AHP[n]_TAout
		湿度	入口空气相对湿度 出口空气相对湿度	AHP[n]_RHAin AHP[n]_RHAout
		流量	冷水流量	AHP[n]_GW
	冷水一次泵			AHP[n]_Pc
		运转状态	ON/OFF	AHP[n]_Pc_SWC
		用电量		AHP[n]_Pc_PPE
户外空气		温度	户外干球温度	DBO
		湿度	户外相对湿度	RHO

（2）电动热源机器的维修

①冷冻机在更新之前大致按10000～30000h这一基准进行维修，以下如（3）所示，建议以5000h为基准更换冷冻机油。

②盘管到了该更换的程度还进行维修往往经费要高得多，所以，应把更新纳入考虑范围进行研究。

表4.4 水冷冷风机计测要点示例[1]

机器			计测对象	计测要点符号
				TSC/naming_code
水冷冷风机	本体			WCR[n]
		运转状态	ON/OFF	WCR[n]_SWC
		用电量		WCR[n]_PPE
		温度	冷水入口温度 冷水出口温度 冷却水入口温度 冷却水出口温度	WCR[n]_TWin WCR[n]_TWout WCR[n]_CD_TWin WCR[n]_CD_TWout
		流量	冷水流量	WCR[n]_GW
	冷水一次泵			WCR[n]_Pc
		运转状态	ON/OFF	WCR[n]_Pc_SWC
		用电量		WCR[n]_Pc_PPE
	冷却塔			WCR[n]_CT
		运转状态	ON/OFF	WCR[n]_CT_SWC
		用电量		WCR[n]_CT_PPE
		温度	冷却塔入口空气干球温度 冷却塔出口空气干球温度 冷却塔入口冷却水温度 冷却塔出口冷却水温度	WCR[n]_CT_TAin WCR[n]_CT_TAout WCR[n]_CT_TWin WCR[n]_CT_TWout
		湿度	冷却塔入口空气相对湿度 冷却塔出口空气相对湿度	WCR[n]_CT_RHAin WCR[n]_CT_RHAout
		流量	冷却水流量 冷却塔补水水量	WCR[n]_CT_GW WCR[n]_CT_GGWsup
	冷却水泵			WCR[n]_Pcd
		运转状态	ON/OFF	WCR[n]_Pcd_SWC
		用电量		WCR[n]_Pcd_PPE
户外空气		温度	户外干球温度	DBO
		湿度	户外相对湿度	RHO

（3）对电动热源机器性能恢复的调查与调整项目

电动热源机器性能老化的主要原因有：①盘管污渍、②冷媒中混入空气、③冷媒中多有混入冷媒油，要实施如下调查与调整。

（a）盘管污渍

冷水、冷却水的盘管有污渍，热交换性能就会下降。冷水系由冷媒蒸发温度和冷水出口温度的温差来确认，冷却水由冷媒凝缩温度和冷却水出口温度的温差来确认。

（b）冷媒中混入空气

冷媒中如有空气混入，会腐蚀热交换器，是性能老化的诱因。表现为抽气装置启动次数增加，以及冷媒（蒸发侧）压力下降，通常并不测试抽气泵的启动次数，所以，现有问题是运行人员等是否认真监测，有无测定方法。

（c）冷媒中混入冷媒油

厂家检修时委托他们利用支管分离出去。

（4）电动热源机器的性能验证实例

图4.11 ~ 图4.14是空气热源热泵冷风机，**图4.15**是水冷冷风机，**图4.16**所示为空冷冷风机性能验证实例。空气热源热泵冷风机的能力、耗电量和COP受户外温（湿）度、冷热水出口温度的影响，x轴为户外气温，y轴为单体COP不同冷热水出口温度分类实测值的分布，同时按不同冷热水温度显示厂家技术资料的性能曲线。竣工后冷水运行在各种冷水出口温度、户外气温条件下实测值低于厂家的测定值（**图4.11**）。

为此，要求重新调整过渡季厂家节流阀的变更次数。然后确认在同一条件下（户外气温、热水出口温度）同年热水运行中的源机单体COP大致满足厂家技术资料值的情况（**图4.12**）。

加上空气热源热泵冷风机到冬季需要启动防冻器的运行，供暖能力据说会因此下降15%[*3]，所以，要根据热源机的出入口温度状况安排防冻器的运行，确认此时户外空气条件。防冻器运行时的户外空气条件如**图4.13**所示。实测结果，在本案中防冻器运行的户外气温条件为5℃以下，湿度60%以上，占供暖总运行时间的7%左右。可作为

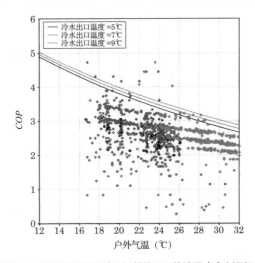

图4.11　空气热源热泵冷风机单体COP的验证（冷水运行）

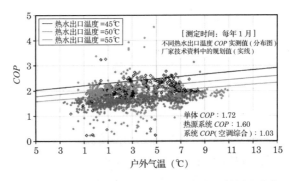

图4.12　空气热源热泵冷风机单体COP的验证（热水运行）

---

*3 （社）空气调和·卫生工学会《蓄热式空调系统基础与应用》p.89供暖能力低下系数0.85，除寒冷地带的部分区域外，多数案例大致在10%以下。

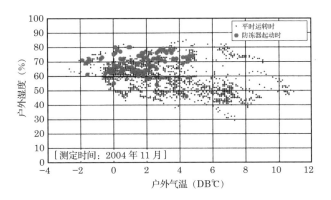

图4.13　空气热源热泵冷风机的防冻器运行启动状况

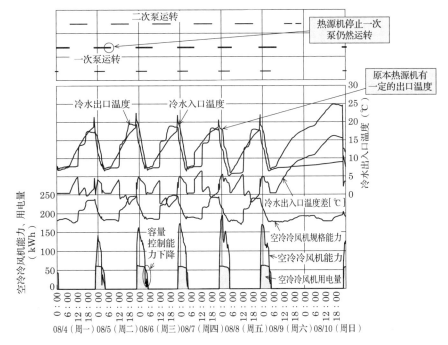

图4.14　空气热源热泵冷风机的热源辅助系统的验证

下次热源机器更新时选择供暖容量的反馈事项。

　　热源辅助系统的运行验证如**图4.14**所示，该图为蓄热式的例子，蓄热运行控制虽然大致可满足设计意图，但已确认有如下缺欠：

　　①热源冷水出口温度不稳定。

　　②热源停止后一次冷热水泵需要运行一定的时间。

　　对此，①调整三向阀（PID），②通过缩短（消除）热源与一次冷热水泵之间时序电路的延迟时间可以解决。

　　其他条目的水冷冷风机当前单体COP的验证实例如**图4.15**所示。竣工当时的COP冷热水温度18～20℃虽然稳定在6.3左右，但逐年下降，2007年发生故障，此后COP变为5.5（冷却水温度20℃）左右。**图4.15**还一并显示了厂家技术规格的性能曲线，比

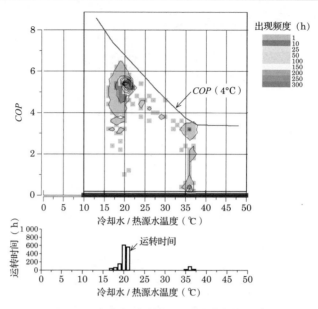

图4.15　水冷冷风机单体*COP*验证（冷水运行）

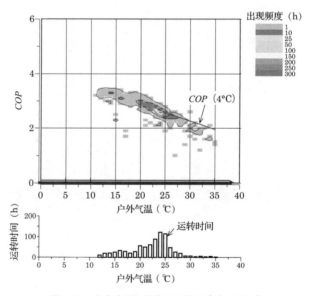

图4.16　空冷冷风机单体*COP*验证（冷水运行）

厂家规格值降低20%左右。

　　而同一建筑物起辅助作用的空冷热泵冷风机（R2）*COP*并未下降，运行范围内户外气温条件下大致保持着等同于厂家规格值的性能（**图4.16**）。

　　另外，这里所说的热源性能验证显示的多属实测值的分布图（参照**图4.11**、**图4.12**），通过**图4.15**、**图4.16**那样的追加频度，仅分布图就可以看出冷却水、热源水温度不稳定，实际上要求稳定在大约20℃（使用井水），从热泵设置场所的户外气温出现频度也一目了然。近年来，冷冻机部分负荷特性趋于多样化，对于该设施的热源运行条件，起码应掌握好频度，可以为下次改造计划时的合理热源设计发挥一些作用。

3 蓄热式空调系统

蓄热式空调系统多以水蓄热式和冰蓄热式为代表，**表4.5**为水蓄热式空调系统计测要点示例。热源机器为空气热源热泵冷风机，实际上是水冷式、冷冻机（冷风机），还有冰蓄热的盐水冷风机等各种方式的组合，各种机器的计测要点有若干区别。各种热源机器、泵等单体的计测要点详见文献1）等参考资料。这里记述的蓄热式空调系统是按一次侧与二次侧的组合，以及关于蓄热槽内温度信息的利用实例。

表4.5　水蓄热式空调系统的计测要点示例

机器		计测对象		计测要点符号 TSC/naming_code
水蓄热系统	空气热源热泵冷风机			AHP [n]
		运转状态	ON/OFF	AHP [n]_SWC
		用电量		AHP [n]_PPE
		温度	冷热水出口温度 冷热水入口温度	AHP [n]_TWin AHP [n]_TWout
		流量	冷热水流量	AHP [n]_GW
	冷热水一次泵			AHP [n]_Pch
		运转状态	ON/OFF	AHP [n]_Pch_SWC
		用电量		AHP [n]_Pch_PPE
	蓄热槽	温度	槽内温度	ST [ch]_TW [n]
		流量	补水水量	ST [ch]_GGWsup
二次侧	二次泵			AC＆UT_P [2]
		运转状态	ON/OFF	AC＆UT_P [2]_SWC
		用电量		AC＆UT_P [2]_PPE
	配管	温度	二次侧冷热水去路温度	PPchs_TW
			二次侧冷热水回路温度	PPchr_TW
		流量	二次侧冷热水流量	PPch_TW
户外气温		温度	户外干球温度	DBO
		湿度	户外相对湿度	RHO

（1）蓄热平衡图

热平衡图中的一次侧、二次侧冷热水出入口温度都是从流量求出①一次侧产生的热量，②二次侧消耗的热量和热源出（入）口温度，从①、②求出蓄热槽投入、释放的热量，再同时显示构成机器的运行状态（模式）。也可以称其为蓄热式空调系统的基本图，从蓄热式空调系统的设计阶段到运用阶段一眼就可以判断设计主旨及运行状态。

图4.17、**图4.18**是蓄热平衡图，该建筑建于温暖地带，图中显示制冷占主导的中等规模写字楼冰蓄热的设计阶段与运用阶段（实测值）最大热负荷日的情况。

而**图4.19**、**图4.20**蓄热平衡图中的建筑建于寒冷地带，图中显示供暖占主导的中

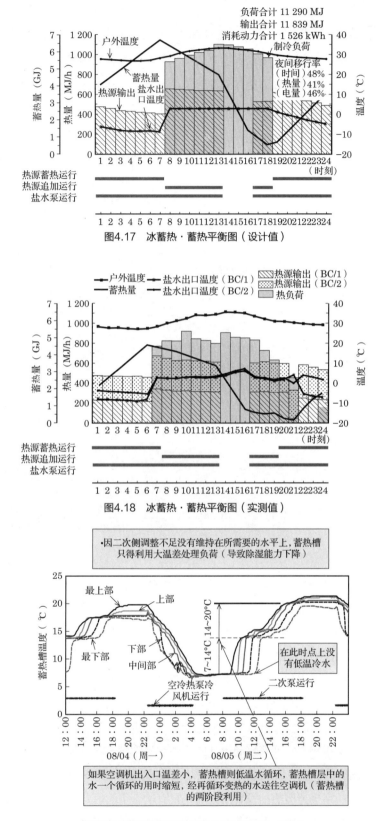

图4.17 冰蓄热·蓄热平衡图（设计值）

图4.18 冰蓄热·蓄热平衡图（实测值）

•因二次侧调整不足没有维持在所需要的水平上，蓄热槽只得利用大温差处理负荷（导致除湿能力下降）

如果空调机出入口温差小，蓄热槽则低温水循环，蓄热槽层中的水一个循环的用时缩短，经再循环变热的水送往空调机（蓄热槽的两阶段利用）

图4.19 蓄热槽的温度分布图（时间系列：制冷）

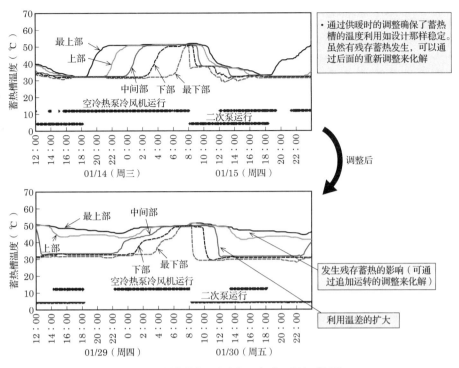

图4.20　蓄热槽的温度分布图（时间系列：供暖）

等规模写字楼水蓄热的设计阶段与运用阶段（实测值）最大热负荷日的情况。

（a）设计主旨

图4.17和**图4.19**是设计主旨，对于10h（8:00～18:00）的空调运行时间，对应峰值移动，把运行时间延长为20h，把非蓄热式空调系统热源容量减至50%以内，相当于蓄热量最大累计热负荷的50%左右。

图4.21中与制冷相比应考虑以供暖作为主导，所以，由最大日累计供暖负荷决定热源容量和蓄热量，制冷运行则按最大日累计热负荷约40%作为热量的夜间转移率。

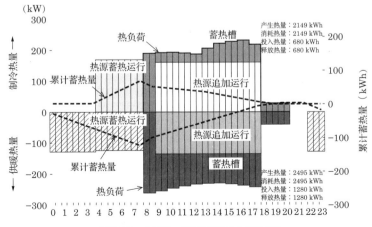

图4.21　水蓄热・蓄热平衡图（设计值）

（b）运用阶段

将**图4.17**与**图4.18**进行对照可以看出，同一建筑物的小时最大热负荷未到设计值，但空调运行时间可以延长，结果日累计最大热负荷几乎与设计相同了。为此，热源运行时间段也变为与设计值相同，热源动力、热源出口温度、蓄热槽投入、释放热量都可满足设计值。而构成机器的启停状态也都与设计值一致，作为热源辅助系统也正如设计主旨那样运行了。

构成机器的启停信息主要是用于热量、能源计算的有效信息，在蓄热式空调系统的场合，热源停止时可看到一次泵的运行，此时低温槽与高温槽的混合降低了蓄热量（效率），所以，构成机器的启停信息尤其是在运行阶段运行管理上是很有用的信息。

而**图4.22**中，对于实测制冷供暖的日负荷设计上制冷约70%，供暖约90%，所以，夜间转移率比设计值大，可见运行控制时对夜间运行的优先处理等尚有若干可以改善的余地。

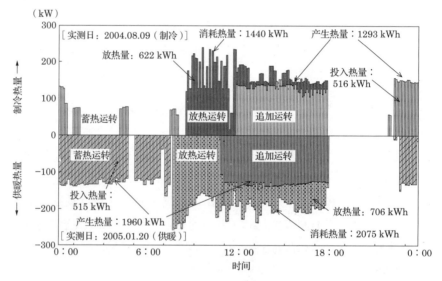

图4.22　水蓄热·蓄热平衡图（实测值）

（2）蓄热槽温度分布图

在蓄热式空调系统的控制上，对槽内蓄热量的把握是必不可少的，蓄热槽内要设置温度传感器用于控制温度，而槽内冷热水温度信息也离不开蓄热系统的运行验证。做出温度分布图有助于蓄热槽温度的解析，蓄热槽温度分布图有时间系列型[4]和位置型[5]。以下是蓄热槽温度实测中在运用上做改善的实例。

（a）蓄热槽温度分布图（时间系列型）

---

[4]　横轴为蓄热槽内水温随时间变动的时刻、经过时间，纵轴为温度，参数取自单槽或槽内各部位。对于理解运行控制状态、连结各单槽的混合特性等有所帮助。

[5]　蓄热槽内水温分布状态，用横轴表示位置或容量，纵轴把获取温度的时间用参数表示。连结完全混合槽型蓄热槽时，在将每个单槽的水温视为均匀温度的基础上，连通各槽的水温，显示蓄热槽整体的水温分布。这种形式的温度分布图，特别是处于水蓄热槽的场合，可用于蓄放热量的计算及对蓄热槽效率优劣的判定。蓄热周期和放热周期分开显示时，分别叫作蓄热分布图、放热分布图。

竣工后的蓄热运行用时序系列型作验证。**图4.19**、**图4.20**所示为制冷供暖运行开始后的蓄热槽温度分布图（时间系列型）。也有制冷赶在竣工之后的情况，二次侧冷水量未能充分调整，所以，空调机的利用温差只有设计值的大约一半，蓄热槽需要1d2次换水（7→14→21℃）。第2次运行，空调机送水温度上升到14℃，因空调机的潜热消除能力下降，发现室内湿度上升。

供暖运行开始后，利用温差无法确保设计值，严控二次侧温水量（参照二次侧水量调整（**图4.53**、**图4.54**）），以22.3deg.满足设计值。但是，热源白天运行的过剩，面临空调结束时残余蓄热量的排解问题。

（b）蓄热槽温度分布图（位置型）

通过上述运用上的改善，时间系列型温度分布图验证了蓄热槽效率的提高。蓄热槽利用温差已改善，达到制冷7.9deg.→10.3deg.（**图4.23**、**图4.24**），供暖13.1deg.→23.1deg.（**图4.25**、**图4.26**），通过每天1次换水可以使蓄热运行保持稳定，提高蓄热槽效率，这些很容易得到确认。

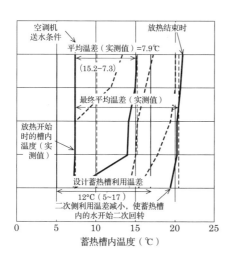

图4.23 运行改善之前·分布图（位置型：制冷）

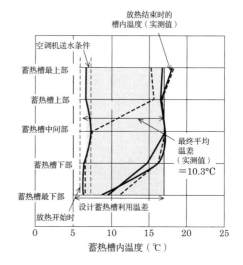

图4.24 运行改善之后·温度分布图（位置型：制冷）

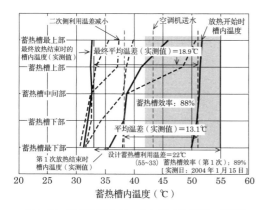

图4.25 运行改善之前·分布图（位置型：供暖）

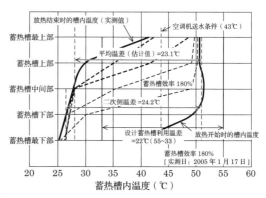

图4.26 运行改善之后·温度分布图（位置型：供暖）

（3）水蓄热改造成冰蓄热示例

采用水蓄热空调系统的中等规模写字楼，新建后建筑物整体能耗（月系列）的变化如**图4.27**所示。新建以来的近30年中，由于OA化及特殊设备的引进，建筑物整体能耗是原来的2.5倍，制冷负荷约1.7倍。

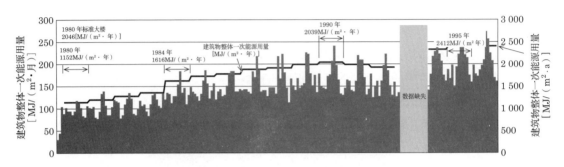

图4.27　由新建到改建一次能源消耗量的变化

应对制冷负荷的同时，将既有的水蓄热空调系统基本概念的最大制冷负荷日中约50%的热源做夜间转移运行，以及保持3h的错峰使用，为此，改造水蓄热槽，改用管外制冰、外融型的冰蓄热槽（**图4.28**（a）～（c））。

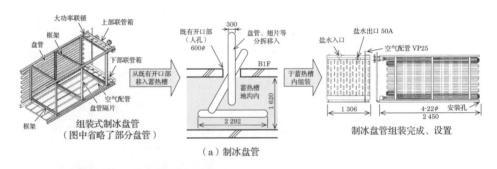

（a）制冰盘管

（b）盘管移入蓄热槽内

（c）在水蓄热槽内敷设制冰盘管

图4.28　水蓄热槽内制冰盘管的展开

　　图4.29、**图4.30**为新旧两层地沟的利用形态与蓄热量的对比。IPF按10%，槽容量缩小40%以上，可确保1.7倍的所需蓄热量。再把转换成冰蓄热而多余出的地沟可转作雨水回收槽使用，在增加了雨水回收量的同时，一部分还可以作为泵井使用，所有泵都按流入方式，因此撤掉的背压阀还可以提高系统的可靠性。

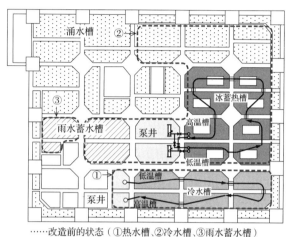

……改造前的状态（①热水槽、②冷水槽、③雨水蓄水槽）

图4.29　改造前后蓄热槽地沟的利用形态

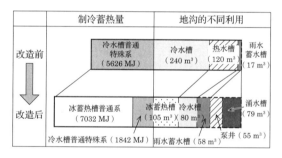

图4.30　改造前后蓄热量与槽容量的对比

4　空气输送系统

（1）室内环境实态调查

　　随空调改造进行的实测对室内热环境的计测很有用，但涵盖全楼的计测很难实施，把握建筑物整体全年热负荷的不足、倾向及变化时，要兼顾室内环境的计测，组织听证会及进行民调也是有效措施。下面是建筑物外墙热性能较好的中等规模写字楼改造前的简易计测、民调、听证会的结果以及改造计划立案的实例。

　　从简易实测、民调、听证会，抽取出针对初步设计的如下设计要点[6]。

---

*6　民调除了男女性别外，内勤、外勤等业务形态、服装等也列入调查项目，很多案例都可以进行更有效的分析。

①全楼冬夏室内温度都很高（**图4.31**、**图4.32**、**图4.33**（a）、（b））

②各层温度偏差较大（**图4.31**、**图4.32**）

③室内湿度冬季明显偏低（**图4.32**、**图4.33**（b））

④工作形态，2层办公室南区内勤，北区上午外勤，下午内勤，3层全体人员随时外出（**图4.34**（a）、（b））

⑤总体偏热，即使同一层OA设备、人员变动等，热负荷呈现极端，室内形成不均匀的热环境。增设了箱式空调，近旁仍抱怨"热"、"凉"（**图4.35**、**图4.36**）

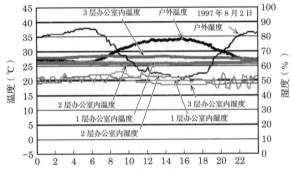

图4.31　改造前的室内热环境（夏季）

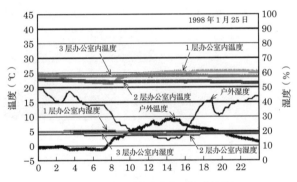

图4.32　改造前的室内热环境（冬季）

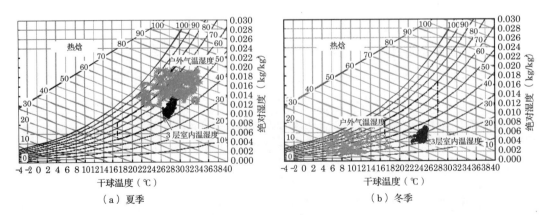

（a）夏季　　　　　　　　　　　　　　　　（b）冬季

图4.33　改造前的室内热环境

⑥室内部分新建之后全年制冷，而改造前的冬季需要供暖的情况已发生改变（来自听证会及热负荷模拟）

⑦就连空调长期停机的新年过后，一般办公室室温最多降到15℃（来自听证会运行日志）。

（a）上午　　　　　　　　　　　　（b）下午

图4.34　工作形态一例

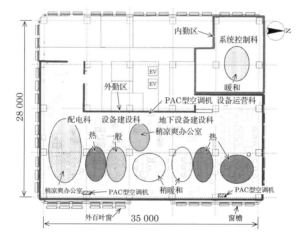

图4.35　改造前的热环境民调（夏季：3F）

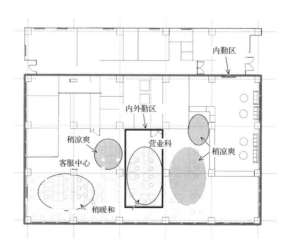

图4.36　改造前的热环境民调（夏季：1F）

（2）空调规划

（a）分区与既有设施的利用（管道空间、空调管道）

本案从基本计划的简单计测、听证会调查中，可以看出OA设备发热的不匀及在室人员密度的变动模式所造成的明显区别。

而热负荷还有楼层的区别，冬季要按楼层、工作区考虑对制冷、供暖同时产生需求的可能性，为此，将既有的中央空调方式改为设备层空调机的方式。既保证可供出租面积系数又可实行各层空调方式，所以采用低温送风空调系统实现空调机小型化，既有管道空间就可用于安装空调机（**图4.37**）。

低温送风空调系统中，送风温度和可实现的室内湿度就成了要点。本案中，施工费用降低、工期缩短，避免了对工作空间造成影响，以既有管道的沿用为前提，可应对室内发热量与送风温度的关系，包括哪些场合可以靠空调机的静压上升增加送风量也做了研究（**图4.38**）。

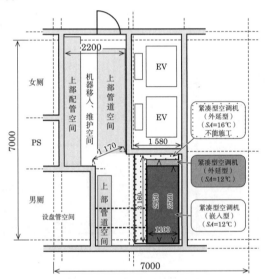

图4.37 空调机的配置规划*7

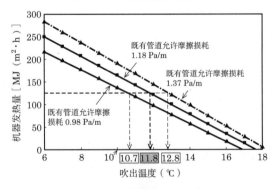

图4.38 送风温度的研究*8

---

*7 可以看到空调机侧面方向确保便于进行维护的空间，盘管的设置空间要通过低温送风空调机正面面积的缩小给予确保。

*8 管道设计上的允许摩擦损耗如超过1.4Pa/m，就会出现噪声等问题。

另外，本建筑物（热负荷）条件下的送风温度的不同同时也验证了可实现的室内湿度（**图4.39**）。

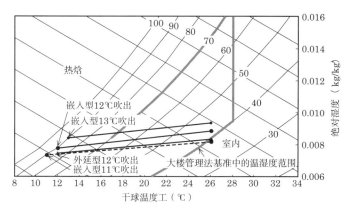

图4.39 送风温度与室内温湿度的规定

（b）可利用既有管道的送风温度的研究

①利用既有管道处理OA设备散发的热量，要求吹出温度低于11℃（0.98Pa/m）、12℃（1.18Pa/m）、13℃（1.37Pa/m）（**图4.38**）。

②从改造前的调查得知，超过13℃（1.37Pa/m）会产生噪声，压力损失也增大，因此研究一次即被排除。

③室内湿度，当吹出温度11℃时为39%，12℃时为40% ~ 42%，13℃时为44%，一旦低于11℃，恐怕要超出大楼管理法的下限值（**图4.39**）。

鉴于以上①~③的研究，本系统设计上将送风温度定为12℃。

（3）空调机的运行验证与改善

表4.6为空气输送系统（空调机）的计测要点示例。

（a）运行验证

空调机最大热负荷日的运行状态如**图4.40**所示。吹出温度10℃，室内温度约26℃，相对湿度可保持在40%。出入口温差在冷水测为12deg，空气侧为16deg，两者都实现了设计值以上的大温差化的要求。

（b）在运行验证的基础上，鉴于空气侧与水侧输送的交替关系，运用改善的输送系统，基本能源评价指标如下所示。

$$ATF^* = \frac{空调机盘管总热量（kJ）}{3600（kJ/kWh）×空调机风扇动力（kWh）} \quad ①$$

ATF^*（Air Transfer Factor）：空气（鼓风机）输送效率

$$WTF^* = \frac{二次侧盘管总热量（kJ）}{3600（kJ/kWh）×二次泵动力（kWh）} \quad ②$$

WTF^*（Water Transfer Factor）：水（泵）空气输送效率

$$TTF^* = \frac{空调机盘管总热量（kJ）}{3600（kJ/kWh）×（空调机风扇+二次泵动力）（kWh）} \quad ③$$

TTF^*（Total Transfer Factor）：二次侧输送效率

表4.6　空调机（空气侧输送）的计测要点示例[1]

机器	计测对象			计测要点符号 TSC/naming_code
空调机				AHU［n］
	空气侧（管道系）	温度	给气	AHU［n］_DBsa
			回气	AHU［n］_DBra
			外气	AHU［n］_DBoa
			混合	AHU［n］_DBma
		湿度	给气	AHU［n］_RHsa
			回气	AHU［n］_RHra
			外气	AHU［n］_RHoa
			混合	AHU［n］_RHma
		流量	给气	AHU［n］_GAsa
			VAV	VAV［n］_GAsa
		压力	给气	AHU［n］_PAsa
			VAV	VAV［n］_PAsa
	水侧（配管系）	温度	冷水入口	AHU［n］_TWc_in
			热水入口	AHU［n］_TWh_in
			冷水入口	AHU［n］_TWc_out
			热水入口	AHU［n］_TWh_out
		流量	冷水	AHU［n］_GWc
			热水	AHU［n］_GWh
			加湿给水	AHU［n］_HU_GW
	风扇	用电量		AHU［n］_Fs_PPE
	变频器	频率		AHU［n］_INV_FE
	过滤器	压差		AHU［n］_AF_DPa

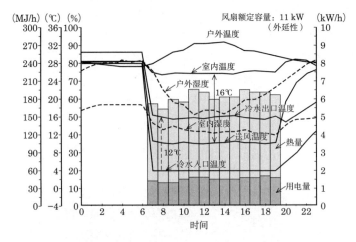

图4.40　低温送风空调运行状态（最大热负荷日）

　　竣工后，首先开始确认低温送风空调系统的设计性能，并以运营上的改善为目标。**图4.41**所示为夏季代表日的试运行。

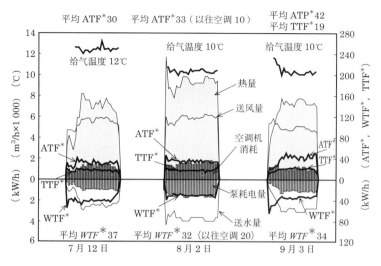

图4.41 夏季代表日空调机的试运行状态

　　本案用夏季代表日与以往空调系统对比，结果ATF*为3.3倍，WTF*为1.6倍。供给温度10℃，随着热负荷的下降（8月2日、9月3日），送风量、送水量都有所减少，耗电量则呈几何倍数下降，ATF*、WTF*都进一步提高了10%左右。

　　同等程度的热负荷，与给气温度12℃和10℃相比（7月12日、9月3日），空气侧的温差从14deg扩大到了16deg，ATF*提高了25%。而水侧给气温度10℃时，WTF*下降了10%左右，综合来看，空气侧效率有较好提高，TTF*增加约10%，给气温度按设计值12 ℃→运用值10℃运行。

　　（c）二次侧输送动力的削减效果及输送效率

　　本案空调用二次侧耗电量与以往空调系统（给气温度16℃，送水温度7℃）对比，如**图4.42**所示。关于空气侧，相对于以往空调系统212kWh/d，本系统的实测值为114kWh/d，削减了45%。至于水侧，相对于以往空调系统185kWh/d，本系统的实测值为81kWh/d，削减了55%，空气与水合计削减了50%。可见低温送风空调系统其空调侧的效果令人瞩目，水侧的输送动力削减效果所占比例很大。

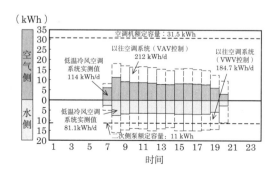

图4.42 二次侧输送动力与削减效果的验证

夏季代表日前后低温送风空调的二次侧输送效率计算（**图4.43**）。这期间的平均值，$ATF^*=39$，$WTF^*=35$，$TTF^*=19$，是以往空调系统的2～3倍，足以确认输送动力得到大幅削减的效果。

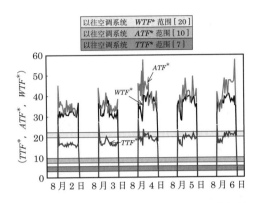

图4.43　空调输送效率（ATF^*、WTF^*、TTF^*）评价

5　水输送系统

表4.7为水输送系统的计测要点示例。其中，流量和压力并非所有建筑物的实测，但二次侧配管的往返温度计测的实例很多，即使没有实际安装计测装置，也可以很简便地进行实测，对运行实态的把握是非常有用的信息。以下是在二次侧水配管温度信息的基础上运行改善的实例。

表4.7　水输送系统的计测要点示例[1]

机器	计测对象		计测要点符号
			TSC/naming_code
配管	温度	二次侧冷热水去路温度	PPchs_TW
		二次侧冷热水回路温度	PPchr_TW
	流量	二次侧冷热水流量	PPchs_GW
	压力	二次侧冷热水送水压力	PPchs_PW
冷热水泵			MC_Pch_
	温度	冷热水入口温度	MC_Pch_TWin
	压力	泵吸入压力	MC_Pch_PWin
		泵吐出压力	MC_Pch_PWout
	运转状态	ON/OFF	MC_Pch_SWC
	用电量		MC_Pch_PPE

（1）空调系统运行整体调整与室内环境改善

通过空调系统整体运行调整改善室内环境的实例如**图4.44**、**图4.45**所示。

图4.44中，空调系统的水侧利用温差本该扩大，可空调机的手动阀过分收紧，其他空调机间的冷水分配一时间出现紊乱，冷水量减少，致使送风温度上升，这是与室内温度上升有关的一个例子。对此，可以稍稍打开手动阀，确保水量就可以解决。

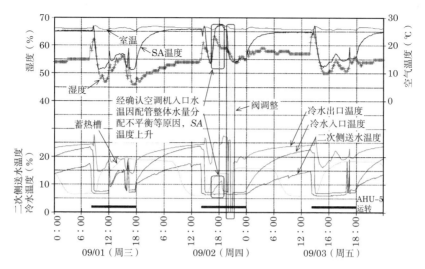

图4.44 二次侧冷热水量的适当分配

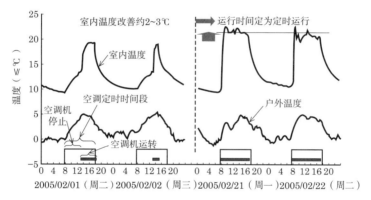

图4.45 空调机运行时间段的再设定

图4.45为负责穿堂处温度的空调机，出于节能意识，冬季也与夏季一样间歇（短时间）运行。但是，就建筑物框架的保温性能和建筑物气候条件而言，并不能充分为室内升温，这一点已经很明确，所以改为定时运行，以便保持室内适宜的温度（22℃）。

（2）空调机、风扇盘管的往返温差

中央空调系统采用一次、二次泵方式时，为了使热源能以适当的容量控制运行，原则上一次侧流量≥二次侧流量，对此如考虑削减二次侧的水侧输送动力，就要压缩水量，建议尽量扩大二次侧的往返温差。如**图4.46**（下）所示，夏季制冷运行时冷水温度上升不能确保往返温差，此后，如**图4.44**所示，对各空调机实施了流量调整，冬季供暖运行时如**图4.47**（下），大温差空调系统的本案设计阶段，把规定的二次侧冷热水温差（$\Delta t=20℃$）上调，保持温差。

而作为大温差空调系统在确保所定温差这道难关上，风扇盘管开出了一条通道，设计阶段①大温差型的采用，②通过室内温度控制比例双向阀（风扇盘管3台的群控

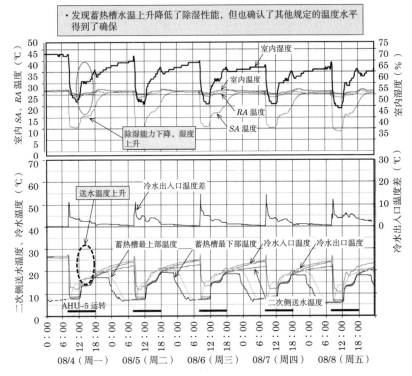

图4.46　冷热水温度、流量调整使空调机更适宜地运行（制冷）

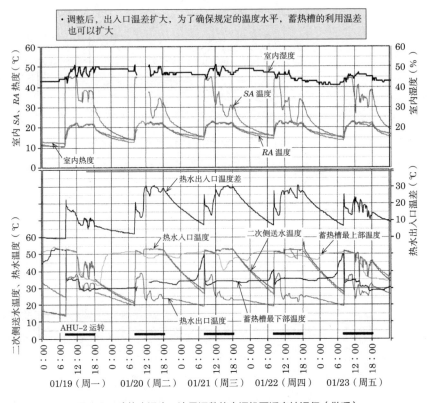

图4.47　冷热水温度、流量调整使空调机更适宜地运行（供暖）

制）来控制，③风量在固定于最大风量的基础上，在运用阶段时实施适当的水量调整，即使低水量区也进行适当的流量控制，从而确保大温差（约25deg）（**图4.48**）。

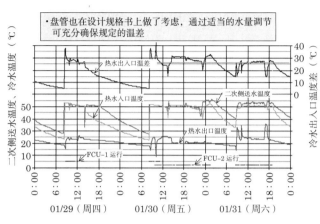

图4.48　盘管的适宜化运行

（3）采用变流量控制时的要点

由于水侧输送动力的下降，利用泵的变频采取变流量控制确有实效，但需要留意如下几点：

（a）泵特性

①利用变流量泵双向阀的变流量控制，是通过双向阀的开闭改变泵的运行点，闭锁状态下泵的吐出压有可能会升高。所以，要在泵的能力线图上确认配管系、双向阀不会受压力上的影响。

②在泵的特性方面，建议选择使用流量区压力变化小（*Q–H*线图的平缓部分）的泵（**图4.49泵B**）[*9]

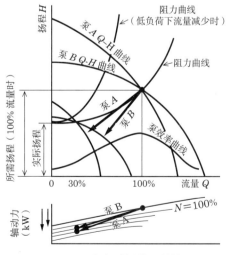

图4.49　变流量控制与泵特性

---

* 9　泵B水量减少时压力上升不多，适当控制吐出压，减小的收紧度无关电耗的些许削减。

③设定压力时要充分注意泄压阀的口径。

（b）吐出压的定量控制与末端压控制

①给变频器的控制信号，分为泵的吐出侧压力一定（**图4.50**）和泵所承担的配管管路的末端差压一定这两种场合（**图4.51**），从两图所示得知，末端压控制的一方为同一用水量，压力可以设置低一些，因此，末端压控制的一方泵的节电效果更明显[10]。

②但是，考虑运行日程及更新会给配管系的末端部分带来变化，所以，此时有必要考虑推定（近似）末端压控制。

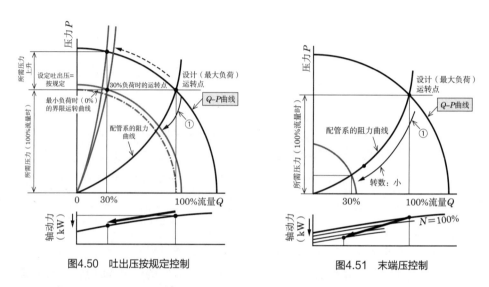

图4.50　吐出压按规定控制　　　　　图4.51　末端压控制

（c）阻力曲线的设定

推定末端压控制，在设定阻力曲线（配管系流量与所需压力的关联）时，往往设定在高压力上，但泵的用电量与流量和压力的乘积成正比关系（**图4.52**）。即使引进推

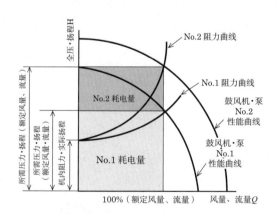

图4.52　阻力曲线的设定与耗电量的概念

＊10 吐出压受规定控制时，泵压的减少幅度只是泵压的上升程度（图中①的部分），对此，（推定）末端压控制沿着配管系的阻力曲线把吐出压力降下来，所以，有很好的节电效果（图中①的部分）。

定末端压，也有很多实例表明并不能充分发挥削减输送动力的效果。阻力曲线的初期设定要多参照设计计算书，需要留意试探性低压力的设定。

（d）变流量控制下的运行改善实例

二次侧泵的控制由变流量变频器控制的调整实例如**图4.53**和**图4.54**所示。

竣工后的设定往往倾向于提高压力，因此，如**图4.53**、**图4.54**调整之前所显示的那样，无法确保预定的利用温差。接受这一事实，对全楼空调机做水量平衡的同时，重新设定了二次侧泵变频器控制参数（修定不同流量所需压力）。制冷期的二次侧负荷量和二次侧泵耗电量两者调整前后的变化如**图4.54**所示。调整前二次侧空调机侧的水量过大，变流量用变频器控制的压力设定值也很高，耗电量也高于该期间的设计预想值。调整后空调机侧的水量达到最佳化（减少），又对泵的吐出压力做了适当设定，回落到设计值以下，削减了耗电量。

另外，用于低水量时对泵起保护作用的旁路排泄阀，要摸索空调机侧全闭时的压力，调整动作压力，在近于全闭状态下运行。通过这些调整把泵的输送动力削减到调整前的大约50%。

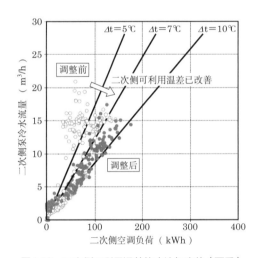

图4.53　二次侧可利用温差的确认与改善（夏季）

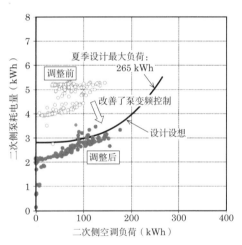

图4.54　二次侧泵的变频设定改善效果（夏季）

6　热水需求调查及对策

（1）燃烧式热水供给系统与热泵热水供给系统[*11]

锅炉这一传统燃烧式热水供给系统，设计时的基本思路是选择长时间地满足最大热水用量的热源机加热能力及热水蓄水槽容量，有关热水供给用量的基础资料最终归结到**表4.8**、**表4.9**中，以便更容易地对机器做出选择。

[*11] 最近石油价格高涨，处于这种不稳定的背景，采用燃烧式+热泵式组合起来的"混合热水供给系统"的机会越来越多。但是，需要注意热水供给热源容量的过大倾向以及对既有燃烧式热水供给追加的热泵热水器系统的整合。

表4.8 不同建筑物的热水用量[2]

建筑物种类	每天热水用量（年平均）	高峰时热水用量	高峰持续时间	备注
住宅	150～250 L/（户·d）	100～200 L/（户·h）	2 h	研究中考虑住宅等级
集合住宅	150～250 L/（户·d）	50～100 L/（户·h）	2 h	住户越少高峰时间热水供应量越大
写字楼	7～10 L/（人·d）	1.5～2.5 L/（人·h）	2 h	女性比男性用量大
旅店客房	150～250 L/（人·d）	20～40 L/（人·h）	2 h	需要考虑旅店风格及入住者
综合医院	2～4 L/（m²·d）	0.4～0.8 L/（m²·h）	1 h	需要掌握医院风格及设备内容
	100～200 L/（床·d）	20～40 L/（床·h）	1 h	高峰每天2次，高峰以外热水按平均使用
餐饮设施	40～80 L/（m²·d）	10～20 L/（m²·h）	2 h	面积为食堂面积+厨房面积
	60～120 L/（座·d）	15～30 L/（座·h）	2 h	小吃·喝茶较少的时候数值较好

* 给水温度5℃，热水温度60℃

表4.9 不同建筑物、器具的热水用量[3]

热水温度60℃标准［L/（器具1件·h）］

建筑物种类＼器具种类	个人住宅	集合住宅	写字楼	旅店	医院	工厂	学校	体育馆
个人洗脸池	7.6	7.6	7.6	7.6	7.6	7.6	7.6	7.6
普通洗脸池	—	23	23	30	23	45.5	57	30
浴盆	79	23	—	76	76	—	—	114
淋浴	114	114	114	284	284	850	850	850
厨房水池	38	38	76	114	76	76	76	—
配餐水池	19	19	38	38	38	—	38	—
洗碗机[*1]	57	57	—	190～760	190～570	75～380	76～380	—
保洁水池	57	76	57	114	76	76	76	—
洗濯水池	76	76	—	106	106	—	—	—
水疗用淋浴	—	—	—	—	1 520	—	—	—
α同时使用率	0.30	0.30	0.30	0.25	0.25	0.40	0.40	0.40
h_{st}热水蓄水容量系数[*2]	0.70	1.25	2.00	0.80	0.60	1.00	1.00	1.00

注1. 加热能力为各类器具所需热水量的和乘以同时使用率所得的积，再乘以温差（60℃–给水温度）即可求出。

注2. 有效热水蓄水容量为各类器具所需热水量的和乘以同时使用率所得的积，再乘以热水蓄水容量系数即可求出。

*1 如果已明确所用机器的种类，可通过该机种的数据算出。

*2 在可以充分获取热源的情况下用此系数去乘也可以，但这部分需要更大的加热容量。

最近，从家庭用到各种商业用途，从环保性、安全性、简捷好用的观点出发，热泵热水器正在迅速普及，而普及的瓶颈之一在于**图4.55**所示的机器价格。同图中相对于锅炉的单体价格，热泵热水器方面即便包括热水蓄水槽、控制装置在内，其高占有率仍不可否认。下面针对热水需求调查中热泵热水供给系统的设计手法，对其合理性做以说明。

（2）根据不同时间的热水负荷与热水供给平衡图做热泵热水供给系统的规划[5]

（a）不同时间的热水负荷

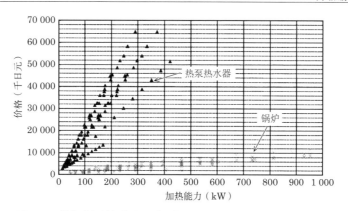

图4.55　燃烧式锅炉与热水供给用热泵的加热能力、价格（定价基础）

　　以往燃烧式的锅炉容量和热水蓄水槽容量都是由最大热水负荷决定，基本上就是日热水用量（**表4.8**），单位时间最大热水用量（**表4.9**）。日热水用量、单位时间最大热水用量也照此因袭下来，再进一步依据这里的实态调查，如果掌握了不同时间热水负荷的变化过程，就可以选择出合理的热源机器和热水蓄水槽容量。但是，不同时间热水负荷的变化数据基本上都不够完备，仅限于文献4）中给出的几种建筑物所显示的程度（**图4.56**虚线）。

　　这里根据对热水用量的实测考虑不同时间热水负荷的变化过程（**图4.56**实线），列举出一家商务旅店的实例。

　　文献5）列举了城市旅店的例子，而下面商务旅店热水负荷的实测值让我们看到的是完全不同的另一种倾向。

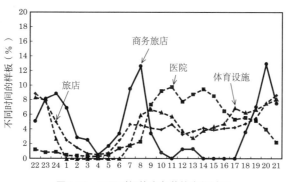

图4.56　不同时间热水负荷的变化过程

　　（b）热水供给平衡图的绘制

　　热泵热水供给系统中，热源机和热水蓄水槽容量的合理决定，对热水供给平衡图的绘制起到很大作用。**表4.10**、**图4.57**为热水供给平衡的计算与图示。

　　甲，最大日热水负荷的变化过程

　　本案为改造工程，所以，日热水用量用**表4.7**和实测结果做了比较，由较大一方的**表4.8**做决定，不同时间的变化由实测结果决定，得出最大日热水负荷的变化过程（**图4.57**①）。

表4.10　热水供给平衡计算

时间	热水使用量 (L/h, 60℃)	①热水负荷 (kW)	②运转时间 (h)	③热源机加热能力 (kW)	④耗电量 (kW)	⑤投入热量 ⑥释放热量*1 (kW)	⑦热水蓄水槽蓄热量（MJ）（）内为kW	热水蓄水槽蓄热率 (%)
22	1499	105	1	115	38	10	576（160）	20
23	2411	170	1	115	38	**−55**	378（105）	13
0	2587	182	1	115	38	**−67**	137（38）	5
1	2029	143	1	115	38	**−28**	36（10）	1
2	853	60	1	115	38	55	234（65）	8
3	735	52	1	115	38	63	461（128）	16
4	118	8	1	115	38	107	846（235）	30
5	500	35	1	115	38	80	1134（315）	40
6	1000	70	1	115	38	45	1296（360）	45
7	2793	196	1	115	38	**−81**	1005（279）	35
8	3734	263	1	115	38	**−148**	472（131）	17
9	1000	70	1	115	38	45	634（176）	22
10	235	17	1	115	38	98	987（274）	35
11	0	0	1	115	38	115	1401（389）	49
12	382	27	1	115	38	88	1718（477）	60
13	382	27	1	115	38	88	2034（565）	71
14	0	0	1	115	38	115	2448（680）	86
15	0	0	0.98	113	37	113	2855（793）	100
16	0	0		0	0	0	2855（793）	100
17	0	0		0	0	0	2855（793）	100
18	1058	74		0	0	**−74**	2589（719）	91
19	2058	145		0	0	**−145**	2067（574）	72
20	3822	269		0	0	**−269**	1098（305）	38
21	2205	155		0	0	**−155**	540（150）	19
合计	29400	2068	17.98	2 068	683	0		

转移率=Σ（④夜间耗电量）/④总耗电量=380/683=56%

*1 +表示对热水蓄水槽投入的热量，−表示从热水蓄水槽释放的热量。

乙，热源机容量

热泵热源机容量用以下公式计算。从**图4.57**中略知传统的机器容量可削减50%。

$$Q_{hp} = \frac{Q_{hwd}}{T_{hp}} \quad ④$$

Q_{hp}：热泵热水器所需加热能力[kW]

Q_{hwd}：日热水负荷[kWh/d]

T_{hp}：热泵运行时间[h]→20h /d（标准）

丙，热水蓄水槽容量

热水蓄水槽容量以标准时间段（初期值）18:00～21:00的放热量为对象，与传统

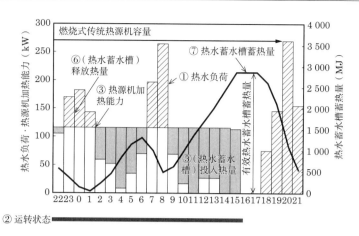

图4.57 热水供给平衡图（1）

的燃烧式相比，需要2~3倍的热水蓄水槽，所以要注意留出比传统方式更大的水槽放置场地。

再有，如果能把热水负荷模式完全固定下来，如**图4.58**那样让运行时间段

沿着19:00~21:00转移，就可以比传统热水供给方式减少一半，至少达到传统方式的同等程度。

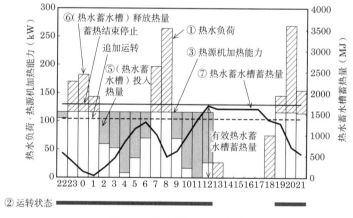

图4.58 热水供给平衡图（2）

这样，如果根据对热水需求的调查，把握每日、每小时的热水负荷及不同时间的变化过程，在控制设计上以及热水供给平衡图上也能有效利用，合理的热泵热水供给系统的设计即变为可能。

【文　献】

1）建築設備システムの性能評価方法の標準化調査研究委員会設備小委員会：設備システムに関するエネルギー性能計測マニュアル（E），空気調和·衛生工学会（2006.10）
2）社団法人空気調和·衛生工学会：便覧　第13版，6編6章，表6·20，p.163
3）社団法人空気調和·衛生工学会：便覧　第13版，6編6章，表6·22，p.164

4) 社団法人空気調和・衛生工学会：都市ガスによるコージェネレーションシステム計画・設計と評価，p.138-142，財団法人ヒートポンプ蓄熱センター

5) 財団法人ヒートポンプ蓄熱センター：業務用ヒートポンプ給湯システムガイドブック 16 設計事例ビジネスホテル編，p.43～（2010.3）

[運転検証例]

①財団法人ヒートポンプ蓄熱センター：蓄熱式空調システムによるリニューアル設計事例［非蓄熱システム→水蓄熱式空調システム］石巻市河北総合支所（2011.1）

②財団法人ヒートポンプ蓄熱センター：蓄熱式空調システムによるリニューアル設計事例［水蓄熱システム→現場施工型外融式氷蓄熱式空調システム］東京電力（株）大塚支社（2011.1）

③合田，中井，一瀬，工藤，相良，桐山，羽津本：高効率空調システムの省エネルギー化に向けた実践研究（第 3 報）運転管理の効率化に向けた BEMS での"見える化"，空気調和・衛生工学会学術講演梗概（2010）

4.2　单体式空调设备

　　近年来，写字楼这一领域原有的中央热源・空调系统，正逐渐改为以中央箱式空调系统为代表的单体式空调设备，并迅速普及，其适用范围在规模、数量上不断扩展，总建筑面积10万m²以上的大楼作为主空调系统引进的案例随处可见。在这一背景下，本节内容首先列举有关写字楼所采用的单体式空调设备的动态调查案例，然后再从当前课题和适宜设计及运用的方向性上加以归纳整理。

1 单体式空调设备的运行实态

（1）【实态1】一个空间设置多个室内机的状态

　　一般情况下，按一个空调空间设置分散单体空调机做计划时，要考虑气流特性及机器噪声等问题，每30～80m²分设几台设备，这种场合，在规划阶段如**图4.59**所示，要按各室内机处于同一状态决定机器容量等。

　　但是，实际上各室内机难免互相干扰，表现出不同的状态。下面是对夏季代表日各种室内机系统不同时间运行特性的调查分析实例。分析过程中以出租公寓楼计算空调电费所采用的按比例分配值作为评价指标，用电量按比例分配值的定义如公式①所示。

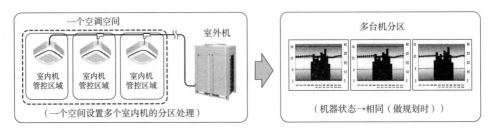

图4.59　一个空间设置多个室内机的状态（以前的设计思路）

室内机N的用电量按比例分配值P_{indoor}（N）如该公式所显示那样，室外机的用电量乘以室内机N处理的空调负荷比例TL_{ratio}（N），所得乘积即比例分配值。式①中有一个取决于吸入空气温度的补偿项，该评价指标大致上就是按各室内机上的电子膨胀阀开闭度平均分配的室外机用电量的值。本节内容按小时累计这一数值，在此计算结果的基础上，将**图4.60**列出的各机器设定温度（℃）和室内温度（℃）叠加在一起图表化，分析、考察了室内环境的达成度与能耗的关系。另外，所谓夏季代表日，即平日空调时间段的户外平均温度按最高温度的日子定义。

$$P_{indoor}（N）=室外机用电量 \times TL_{ratio}（N）①$$

但是，

$$TL_{ratio}（N）= 室内机N处理的空调负荷$$

$$\div 同一室外机系统内的室内机所处理的空调负荷的合计$$

$$室内机处理的空调负荷=电子膨胀阀开闭度 \times （a+b \times T）$$

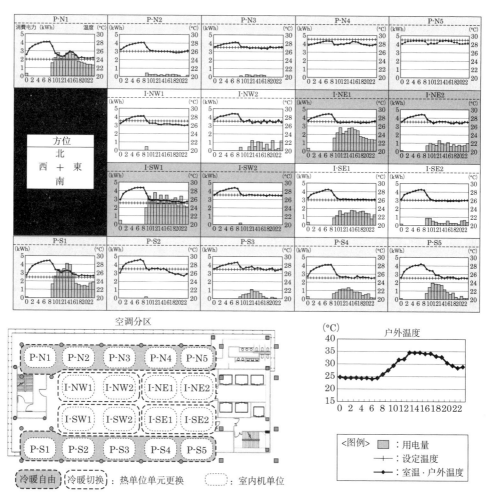

图4.60　夏季代表日各室内机的用电量按比例分配值、设定温度、室温实态（A写字楼实例）

第2编　既有楼房的节能改造与实践

a、b：补偿系数（室内机功率，依运行模式有所不同）[*1]

T：室内机吸入空气温度

由**图4.60**确认得知，夏季代表日的用电量按比例分配值各室内机系统有很大区别。其原因在于相邻系统的设定温度各不相同，例如，像Ⅰ–SW1这种设定温度比相邻系统低，就要以高负荷运行；相反，设定温度高的系统（Ⅰ–NW1、Ⅰ–SW2、P–S2）即使不开动制冷也可以满足设定要求。从室内机来看这就是空调负荷在不同（设定温度不同）系统与空间关联的诱因。

（2）【实态2】室内机、室外机的负荷率

空调机器的设备容量基本上取决于负荷条件（外墙负荷、人员密度、照明、插座负荷、外气导入量）。处在空调单一管道方式所代表的普通中央热源方式的场合，1台空调机、热源机承担多个空调区的负荷处理，因此，确定设备容量时就要考虑时间上的负荷变动、对负荷的需求率。而采用单体式空调设备的建筑物，多以每个室内机分区的最大负荷为基准决定室内机容量。另外，单体式空调设备一般由生产厂家的人员选定机器，他们也是根据计算结果选择大容量机器。最终，设备容量还是倾向于大于中央热源方式，为此，实际运用中往往以低负荷率运行。**图4.61**是实际运行中室内机及室外机负荷率的调查实例。

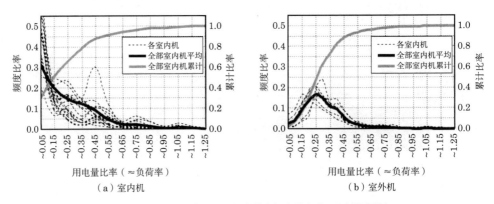

图4.61　室内机、室外机运行负荷率频度分布（A写字楼实例）

由**图4.61**（a）可知，全部室内机都一样按非常低的负荷率运行，尤其是负荷率5%以下的运行占30%，负荷率不足50%的占全部运行时间的80%以上。而且在额定功率前后（负荷率≈1.0）的高负荷范围内运行的发生频度也都很低，至于各室内机的功率，要考虑现状容量（设计容量）的需要。再从**图4.61**（b）这方面来看，室外机也同样多以低负荷率运行，负荷率25%左右即形成峰值。这种负荷率倾向在本案之外也很

[*1]　室内机用电量按比例分配值定义公式中的补偿系数a、b，依室内机功率和运行模式而不同。总之，越是额定功率大的室内机，越能处理大的空调负荷，所以，补偿系数数值很大。另外，处于制冷模式（供暖模式）时，吸入空气温度越高（低）空调负荷越大，所以，补偿系数b在制冷模式下为正值常数，供暖模式时为负值常数。

常见。在有关运行实态的以往调查实例中，有报告指出，室外机的负荷率降到30%以下，机器效率会极端削弱，如何缩短这种极低负荷范围内的运行时间，是一个需要认真探讨的重要课题。

（3）【实态3】温度设定的变更

作为单体式空调设备的特征，按室内人员要求可以详细变更设定温度就是其中一条。以下是有关"一定期间内变更设定温度的天数比例（以下称变更天数比例）"和"每天温度的变更设定行为次数"的调查实例。

（a）不同季节温度的变更设定天数比例

图4.62（a）是18台室内机（参照图4.60空调分区）有变更设定温度行为的天数在不同季节所占比例的统计结果。同图还可以看出，全年空调运行天数的约20%存在变更设定温度的行为。

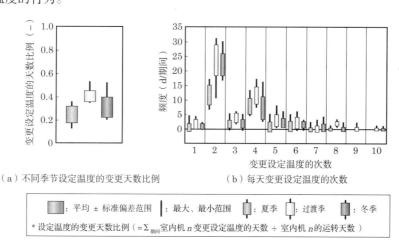

（a）不同季节设定温度的变更天数比例　　　　（b）每天变更设定温度的次数

图4.62　不同季节变更设定温度的天数比例及每天变更设定温度的次数（A写字楼实例）

（b）每天变更设定温度的行为次数

图4.62（b）针对同一对象整理了每天变更设定温度的行为次数，该图还可以确认1天里对设定温度的多次变更。

这种对设定温度的变更如前所述，通常不会出现在中央热源方式中，可以说这种现象让人看到单体式空调设备更倾向于实用性。但是，本来对设定温度的变更起因于对象空间要求温度的变更，所以，这种频繁的设定变更与舒适的室内环境及节能目标直接相关，应考虑做详细验证的需要。从室内环境的角度来看，之所以1天中多次变更设定，原因就在于，作了变更的室内机管控范围内，体感温度与设定温度不一致，以及空调机启动时急求快速制冷供暖的意图，导致过激的温度设定行为。这就预示着对每个系统设定温度变更的自由度未必会影响到空调空间整体室内环境满足率的提高。而且频繁变更设定温度还有可能造成能量损耗。图4.63显示了对与图4.62相同的对象整理出的设定温度变更次数与空调耗电量的关系。从这一实例可以看出，如果1d当中多次变更设定温度，空调耗电量很可能因此增大。

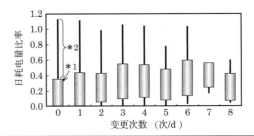

＊1 ▯：每台室内机1d当中设定温度的变更次数，其日耗电比率累计的平均值±标准偏差
＊2 ┃：每台室内机1d当中设定温度的变更次数，其日耗电比率累计的最大值与最小值
注）日耗电比率（每台室内机）=日累计用电量按比例分配值（kWh/d）÷（额定用电量按比例分配值（kWh/h）×日累计运转时间（h/d））

图4.63 设定温度变更次数与耗电量的关系（A写字楼实例）

（4）【实态4】室内机的温度ON/OFF

图4.64显示室内机温度ON和温度OFF的状态，以小时为单位按季节不同系统的累计结果。同图，1h内持续将温度ON设为"常态温度ON"；1h内持续将温度OFF设为"常态温度OFF"；两者混在设为"一时温度OFF"，其发生频度累计为〔h/期间〕。

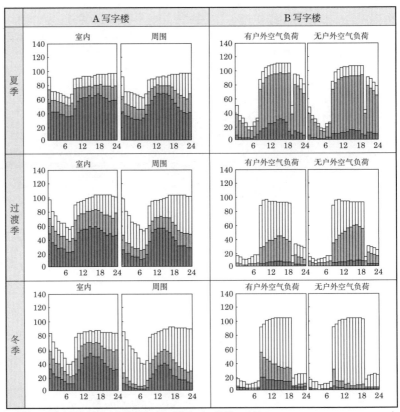

纵轴：不同时间的频度（机器平均〈各系统〉＊），横轴：时间
〈图例〉
■：平时温度 ON　▨：一时温度 ON　□：温度 ON
＊ 各分区累计频度（h/期间），用系统数去除所得的值。

图4.64 不同时间温度ON/OFF的特征（A写字楼、B写字楼实例）

　　另外，温度ON表示室内机处于运行中靠冷媒进行热交换的状态，而温度OFF则没有热交换只维持室内机风扇运行的状态。

　　A写字楼实例中，白天运行频度及温度ON频度都很高，可以确认从傍晚到深夜温度ON出现频度降低的倾向，而且周边系统比室内系统表现得明显，过渡季和冬季比夏季更明显。个中原因可理解为所有加班时间段中内部负荷都有所减少，周边的负荷随着户外气温逐渐发生变化。室内系统方面，可以认为因相邻系统的互相干扰，也间接地受到周边负荷的影响。而B写字楼温度ON的频度（含一时温度ON）就全年而言比A写字楼少，暗示着设备能力有冗余。在夏季、过渡季、冬季这一顺序上一时温度ON的频度很低，可以认为其原因在于冬季的空调空间在需要制冷的时候，室外机仍以供暖模式的状态运行。

　　（5）【实态5】户外空气的多种处理方法

　　单体式空调设备与**图4.65**中显示的中央热源方式比较，户外空气处理方式的变动更大。可以说，有利点在于拓宽了设计的自由度，更方便于进行设计，同时导致误用、能量损耗，也是造成室内环境变差的诱因，因此需要引起注意。

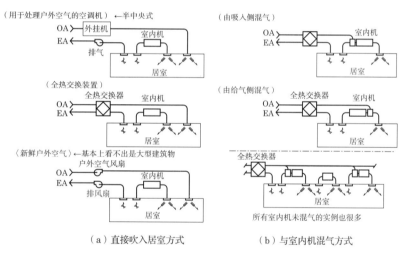

图4.65　分体式空调的户外空气处理方法

　　图4.66为某写字楼外气温度和空调耗电量（室外机：压缩机、风扇、辅机；室内机·全热交换装置：风扇、控制电源）关系的实测示例。该写字楼把由全热交换器一时处理过的户外空气在回风侧进行混气的室内机与另一台只处理内部负荷的室内机混设的同一空调空间内（**图4.65**右下示例）。而**图4.67**显示的是同一大楼中每个室内机区域的设定温度与实际室温的背离状态。

　　从**图4.66**（a）可看到，有户外空气负荷的室内机系统，制冷时为正相关，供暖时为负相关。由**图4.66**（b）可以看出，没有户外空气负荷的室内机系统，供暖时的负相关部分很小，

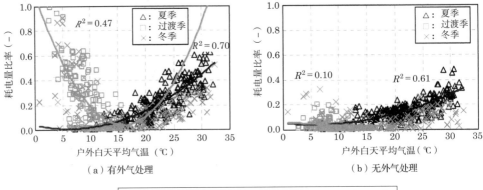

（a）有外气处理　　　　　　　　　　　　（b）无外气处理

$$耗电量比率 = \frac{\sum_n \{\sum T (用电量按比例分配值-计测值（n、T）)\}}{\sum_n \{\sum T (用电量按比例分配值-额定值（n、T）)\}}$$

n：不同室内机系统的室内机编号，T：时间（8~20时）

图4.66　户外白天平均气温与热源耗电量的关系（B写字楼实例）

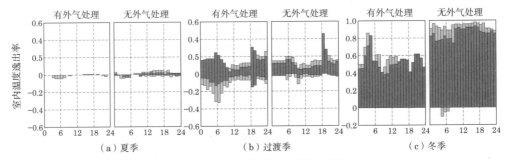

（a）夏季　　　　　　　　（b）过渡季　　　　　　　　（c）冬季

纵轴：不同时间室内温度逸出率（以月为单位各系统累计），横轴：时间

■：偏差2℃以上　　■：偏差1~2℃

$$室内温度逸出率 = \sum_n \frac{T_{1n}}{T_{2n}}$$

其中：

T_{1n}：室内机运转中，各室内机系统的室内温度背离设定温度a[℃]期间的延长时间[h/期间]（温度为1h的平均值）。

T_{2n}：各室内机期间延长的运转时间[h/期间]。

n：各分区的室内系统数（分区：有外气-5系统，无外气-8系统）

本图的"室内温度逸出率"是对各季节的代表月份累计按时间段表示。

■及□的比率越大越无法满足要求温度（■及□在+侧要求的是热，一侧要求的是凉）。
B写字楼夏季基本可以满足要求，而对于冬季的要求可以理解为较热的温度环境。

图4.67　室内温度逸出率（B写字楼实例）

可见受户外气温的影响很小。这就表明，如果排除二次处理户外空气的部分室内机系统，冬季几乎不用启动供暖运行。由**图4.67**可以推测，夏季及过渡季的制冷期间内，虽然实际室温对设计温度的背离很小，但冬季供暖期间的室内温度逸出率表现在高温侧较严重，尽管是处在冬季，可以说已经变成过热的温度环境。这一结果，暗示着该写字楼是全年倾向于制冷负荷的建筑物。另外，如**图4.66**（a）所示，户外温度低的冬季做外气处理的系统耗电量较大，如本案这样，很容易脱离建筑物负荷实态被错误运用，导致室内热环境恶化及增加能耗。

2 节能·适宜的室内环境的方向性

在前面调查分析结果的基础上，考察了节能性、舒适性较差的单体式空调设备的状态及其诱因和对策方向。其整体印象如**图4.68**所示。

（1）适于全年制冷的设备设计与运用

内部发热的较大空调空间里从中间季到冬季制冷需求的发生概率很高，这种场合，单体式空调设备的系统设计、运用如出现失误，就会造成能量损耗及室内环境的恶化。能想得到的与舒适化相关的对策如下。

①室内机与室外机的组合

全年采用制冷的空调空间，分担户外空气处理的室内机及受外墙负荷影响较大的周边系统，冬季也需要供暖运行。这样的系统和只承担内部负荷处理的系统（全年产生制冷负荷的系统）其室外机应分开设置，由此对照需求进行运行。另外，通过采用制冷供暖可同时运行的室外机也有同样的效果，值得期待。

②户外空气处理方法

全年制冷的空调空间，从中间季到冬季以户外空气作为冷热源加以利用，有望削减制冷能耗。但是，在最寒冷季外气制冷有时会因外气的温湿度条件变得难以继续利用，这样，承担户外空气负荷的室内机和只承担内部负荷的室内机控制要件就不一样了。鉴于这一原因，建议承担户外空气处理的机器及管道系统应独立运行。

③按季节切换模式（冷媒蒸发温度）

关于室内系统，因间接受外墙负荷的影响，最终所要求的制冷能力依季节而不同。制冷时冷媒的蒸发温度为可变控制，负荷较小的中间季到冬季会升高，可借此防止过剩的潜热处理，期待压缩机效率因此提高。

④对过去运行状况的学习功能

关于全年制冷的空调空间，冬季有时部分系统要进行供暖运行，这种状况，只是在周边部分系统因户外温度非常低，于起床后的时间带运行。经过一定时间后，往往也会和其他系统同样恢复制冷运行。在这种情况下，相邻系统之间会产生混合损耗。通过在户外温度与运行模式、运行日程的关系上建立学习功能，可以抑制对舒适性的影响，避免浪费。

（2）相邻室内机系统的设定值及控制协调

前一节指出了相邻室内机系统设定温度的不同及各室内机变更设定温度的行为影响能耗的可能性，另外，对空调空间的温热舒适性的影响也做了考察。与改善这些问题直接相关的对策如下：

①温度设定自由度的制约

温度设定的变更1天中多次重复的原因在于，在室人员体感温度不一致所做的改善及空调启动时一时性强制运行，应该想到，这些状况的设定值并非为满足工作需要等

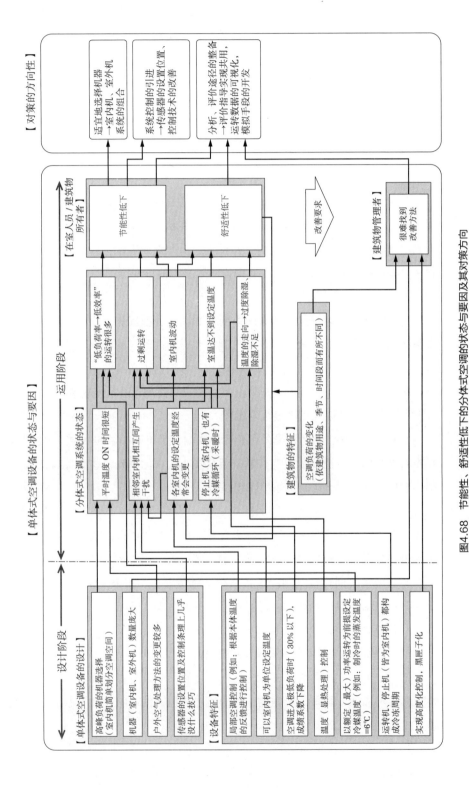

图4.68 节能性、舒适性低下的分体式空调的状态与要因及其对策方向

而保持的目标值。这方面的对策是对各室内机系统的设定温度设一个上下限值加以约束，或者在变更一段时间之后回到整个系统设定温度的平均值上，在抑制因过剩的制冷供暖运行误差所导致的室内温度变动方面，这是一个有效的方法。

②温度设定值的综合管理

每个人对舒适热环境都有不同要求，为了达到环境满足率的最大化，就要考虑如何把控制单位缩小到家用空调的水平。另外，为了将空调空间整体热环境的不满意率最小化，还可以考虑把自认为标准的热环境也同样视为有效达成目标。从这一观点出发，一个空调空间有多台室内机时，在控制目标下限定为一个设定值，或者对整个系统的设定平均值进行控制，抑制能耗，提高舒适性。

（3）温度OFF时的风扇运行控制

单体式空调设备尤其是采用顶棚内管道型室内机等情况下，空气输送动力所占比例是不可忽视的。从调查实例中可以看出，依季节、时间段的不同，室内机温度OFF的时间段较多。温度OFF时间段，从热环境方面考虑并不需要室内机运行，所以，同一时间段通过风扇停止、压缩运行来削减输送动力消耗是可以实现的。采用这种方法时，要注意室内空气的除尘、室温的分布；采用本体温度时要在控制等方面多留意，适宜设置停机中的机器数量、配置、时间段。

【文 献】

1）佐藤孝輔，橋本哲：ビル用マルチ式空調機の挙動実態に関する調査研究 一つの空調空間に室内機を分割設置した場合のサーモオン／オフの特性分析，日本建築学会大会学術講演梗概集（D-2），pp.1129-1130（2006）
2）橋本哲，佐藤孝輔：ビル用マルチ式空調機の実建物における挙動実態に関する調査研究（第1報）空調機運用データの可視化方法，空気調和・衛生工学会大会学術講演論文集，pp.131-134（2006）
3）佐藤孝輔，橋本哲：ビル用マルチ式空調機の実建物における挙動実態に関する調査研究（第2報）実運用データの分析結果，空気調和・衛生工学会大会学術講演論文集，pp.135-138（2006）
4）ダイキン工業：料金計算補足説明，ダイキンビル空調管理システム D-BACS 設計ガイド，pp.186-190（2005）
5）佐藤孝輔・橋本 哲・坂本雄三：ビル用マルチエアコンの最適運用・最適設計に関する調査研究（その1）大規模空調空間を複数の室内機で分担処理するビル用マルチエアコンの挙動実態とその評価手法，日本建築学会環境系論文集，618 号（2007.8）
6）佐藤孝輔，橋本哲：ビル用マルチエアコンの挙動実態に関する調査研究 全熱交換ユニットとの組合せによる運転特性，日本建築学会大会学術講演梗概集（D-2，2007-8），pp.1079-1080（2007）

第5章 大学校园的节能与CO_2减排实践
——东京大学可持续校园工程（TSCP）

大学校园里并设文科、理科等建筑物，特别是国立大学类的综合大学，还包括附属医院等医疗设施、宿舍等，各种用途、不同年代的建筑物混杂在一起。教职员、学生这些内在成员从事着各种教育、科研活动，而且事业扩展每年都在进行，有多种能源消费形态。具有这些特征的大学，在节能、研发新能源、能源转换等有关削减环境负荷的计划上，从立项、实施到效果验证等专注于一系列实践活动，这当中，大学特有的战略性应对必不可少。

面对这些问题的东京大学，凭校长强有力的主导权，以教育、科研为先导，以指明可持续社会的发展方向为目的，于2008年4月推出了东京大学可持续校园工程（TSCP），作为举全校之力的工程项目，具有实效的各种计划正在向前推进。

5.1　围绕大学的状况

日本全国的国立公立大学，在信息公开的环境报告书基础上，对有关能源管理、能耗方面的实态进行把握。与能源管理相关的组织汇总一览表如**表5.1**所示，所有的大学以环境安全系的事务性组织为主体，进行管理、运营，设有专属部门的大学只有东京大学。

表5.1　有关能源管理的组织一览（2008年当时）*

无组织	有组织		
	专属组织	环境安全系主体	设施系主体
4大学	1大学	52所大学 （17所大学设施系与WG等联合）	2大学

＊ 环境报告书所列的组织一览由 TSCP 室独自汇总

环境安全系这一组织，自2004年国立大学法人化以来，负责劳动安全、卫生管理的相关工作。但是，最近以取得ISO认证的环境管理者为中心，有很多大学兼营包括编写环境报告书在内的各种应对法令方面的业务。其中，有关能源管理由工作组、委员会等设施系部门联合，相反，也有未设组织的大学。

下面**表5.2**是有关全部60所大学能源资料的汇总结果。全年一次能源消耗量总计为38233TJ/a，CO_2排放量为1886751ton-CO_2/a。这些汇总数值用总建筑面积合计（约21000千m^2）去除，以此作为每单位建筑面积的原单位进行汇总，得出全年一次能源消耗量的建筑面积原单位（以下称一次能源消耗量原单位）。

为1821MJ/（m²·a），全年CO_2排放量的建筑面积原单位（以下称CO_2原单位）为89.8kg-CO_2/（m²·a）。**表5.3**为教育设施相关的一次能源消耗量原单位方面的文献值[1]~[5]，可见国立公立大学的平均值与这些值相比要大得多。另外，把这些原单位按不同大学分别汇总，则如**图5.1**所示，一次能耗消耗量原单位约440～3200MJ/（m²·a），**图5.2**

表5.2　国立大学能耗实态（2007年度）

项目	累计值
总建筑面积合计（m²）	21001378
全年一次能源消耗量[*1]（TJ/a）	38233
全年一次能源消耗量原单位[*1]［MJ/（m²·a）］	1821.0
全年CO_2排放量合计[*2]（ton-CO_2/a）	1886751
全年CO_2排放量原单位[*2]［kg-CO_2/（m²·a）］	89.8

[*1]换算系数分别使用，电气9.76 MJ/kWh，城市煤气45MJ/（N·m³），柴油39.1MJ/L。
[*2]换算系数使用各地能源公司公布的值。

表5.3　教育设施一次能源原单位相关文献值

项目	分类	一次能源原单位
文献1）	医疗类之外的大学	1 350 MJ/（m²·a）
文献2）	学校等	1 185 MJ/（m²·a）
文献3）	大学、专科学校	1 200 MJ/（m²·a）
文献4）	学校	1 735 MJ/（m²·a）
文献5）	大学等	1 209 MJ/（m²·a）

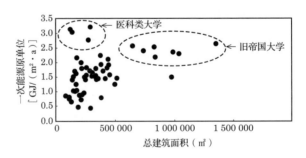

图5.1　国立公立大学一次能源消耗原单位的实态

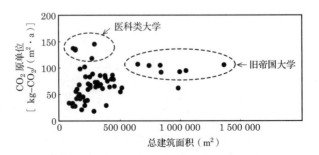

图5.2　国立公立大学CO_2排放量原单位的实态

中的CO_2原单位大约按20～150kg–CO_2/m²年分布，可以看出，尤其是有附属医院并设的旧帝国大学、医科类大学都是较大的原单位。**图5.3**所示为不同大学CO_2排放总量的累计结果，可见原单位较大的旧帝国大学约占7所大学总量的30%。

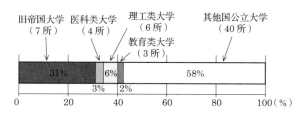

图5.3　全国国立大学的CO_2排放总量分类

【文　献】

1）（财）省エネルギーセンター：ビルの省エネルギーガイドブック 2010-2011 省エネルギーのすすめと省エネルギー診断の活用，p.7

2）公共建築協会：CASBEE 評価シート LR-1，標準的な建物の一次エネルギー消費原単位

3）高口洋人，亀谷茂樹，坊垣和明，松縄堅，坂本雄三，伊香賀俊治，村上周三：非住宅建築物の環境関連データベース構築に関する研究その 22 全国解析結果，日本建築学会学術講演梗概集，pp.1135-1136，2009.8（東北）より関東地区における教育用途のデータを抜粋

4）日本ビルエネルギー総合管理技術協会：H20 年建物エネルギー消費量調査報告書より学校，教育・研究施設を抜粋

5）文部科学省，環境を考慮した学校施設（エコスクール）の今後の推進方策について—低炭素社会における学校づくりの在り方（最終報告），学校施設整備指針策定に関する調査研究協力者会議，Ⅱ－1学校施設のエネルギー消費実態から抜粋（2009.3）

5.2　TSCP概要

1 创办沿革

有关节能的行动计划以前学校有内部讨论，当初属于本部组织的一个部科级单位，由学校工作组等开展活动。但是，早期的意图决定、大学内的组织定位等在有关大学整体环境对策实行上并没有足够的组织，为此，如前所述，根据校长强化主导权组建

表5.4　TSCP创办的沿革

～2005.5	由此时开始，学校内以设施系部门职员为中心组建节能工作组，实施重视节约成本的节能措施。
2005.6	全校性组织的校园规划室之一，以教员为中心设立节能规划工作组，实施全校性的节能措施。
2007.5	以表明实现可持续社会的路线为目标，按可持续校园工作组的形式进行组织变更。
2008.4	发表东京大学可持续校园工程（提出CO_2减排总量目标）。
2008.7～	TSCP室校长作为直属组织起步，企划、实行减排及降成本这一全校性对策。

了校长直属的室，在后面将要提到的推进体制下解决这些课题。TSCP室创办的沿革见**表5.4**。

2 基本概念

在TSCP的实行中，如**图5.4**所列出的3个概念下，把握切实信息、实践应对设计，实现低碳化（削减源自矿物质燃料的能源使用量），以引领作为今后导向的可持续型社会模型为提案。另外考虑这些相互关系、叠加效果，逐一讲效率、重成效地同时推进，用"共同进化系统"将大学这一教育机构作为范例引导性地先行实现。通过国内外校际网络把这些尝试与世界上大学的动向联系起来，进而将其铺展到社会上，引导低碳技术、对策的普及，把追求经济性波及效果作为目标去争取。

图5.4　共同进化系统的构成

3 TSCP的削减目标

TSCP以国立大学法人身份率先公布了CO₂排放总量削减目标。具体指标如**图5.5**所示，以2006年为基准年度，2012年度，非实验系的CO₂排放总量削减15%（TSCP2012），2030年度含实验系的CO₂排放总量以削减50%为目标（TSCP2030）。这两个行动计划中，前者TSCP2012在各种节能对策中性价比很高，对于投资带来的CO₂减排量也很大，以每个项目中CO₂减排量大的一方作为判定基准。

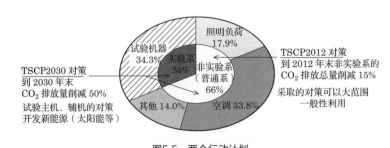

图5.5　两个行动计划

4 用于促进TSCP的制度

在TSCP起动的同时，对于对策实行时所需的初期投资，组建全校性财政基金，具体做法如**图5.6**所示，从各部局的光热水费用中按4%征收，以此构筑全校性基金（TSCP促进费）组织。这笔费用在TSCP各种CO_2减排对策的实施中，用于负担投资回收年份（投资金额÷全年光热水费用削减额）4年以上的费用。而费用负担在总共由53个部局构成的东京大学里，保有新设备的部局和保有旧设备的部局混杂在一起，但都按同一基准征收。短期内，后者那些保有旧设备的部局享受优先投资，通过对TSCP的持续实践，从长远看对当前的新部局也有投资分配，以此保证对各部局的公平性。

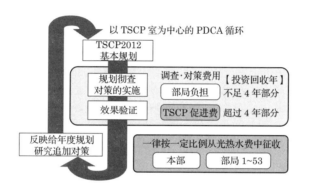

图5.6 TSCP促进费制度

5 TSCP的推进体制

为了推进TSCP，以校长直辖的TSCP室为骨干，由校内有识之士及各部门领导组成运营WG，再从各部局推选TSCP-officer（职员与教员结对）组成部局联络会，分别组建与民间企业交换意见，协同开展各种验证等活动的产学协作研究会，构筑项目推进体制（**图5.7**）。

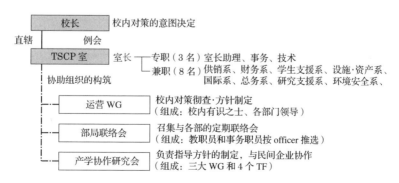

图5.7 TSCP的推进体制

5.3　东京大学校园设施概要

大学设施在校园内占据众多建筑物，实行对策的建筑物以及实施的项目都很难选定。为此，基于本编第2章所列的各种实态调查手法，首先需要对校内建筑物单位上的能源数据进行分析，对机器设备引进数量及其运转实态调查等与大学设施相关的数据库进行系统的整理。而包括决策后的适当运用、维护改进在内的实效性CO_2减排也是密切相关的要件。所以，如**图5.8**所示，编制成与大学设施削减环境负荷相关的研讨流程，同时，为了将校内对环境负荷的削减持续实践下去，构筑了必要的校内组织，整理研讨流程中各组织的关系。为了开展全校PDCA循环的实践，还制定了对策基本方针这一全校指导方针及其明细表。

有关研讨流程中的各种课程，以下面1项及2项的具体内容做介绍。

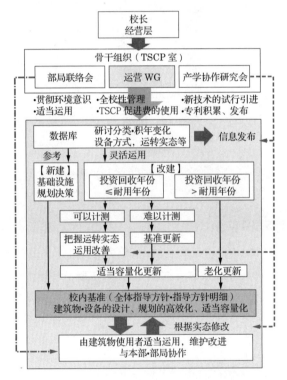

图5.8　东京大学削减环境负荷的研讨流程

1 数据库的构筑

东京大学拥有的建筑物在日本全国约1100栋（2008年度），建筑物总建筑面积累计值约160万m^2。主要包括5个校区（本乡、驹场1、驹场2、柏、白金），累计139万m^2，占整体的86%，其中仅本乡校区就约占60%。

在文部科学省做学校调查时用的学科系统分类表[1]（**表5.5**）的基础上，按建筑物的用途统计如**图5.9**所示，理工学系44.7%，保健系19.9%，其他（含公用部分）24.6%，理工学系占一半左右。从**图5.9**还可以看出，根据总建筑面积的逐渐变化，战前的20世纪20～40年代，经济高速发展的1950～1970年，1980年以后，基本上形成三大分布。特别是最近，每年度竣工面积随着建筑的高层化呈现翻倍的增长，从1980年至今，累计面积增长了约2倍。与战前建筑物相比，这些建筑物多属高能耗建筑（研究生院的综合科研楼及医院系建筑物等），构成了大学整体能耗增加的要因。

表5.5　建筑物用途分类表

用途		所属部局
人文·社会科学系	人文系	人文社会系研究科·文学部，经济学研究科·经济学部等
	社会科学系	法学政治学研究科·法学部，信息学环·学际信息学府，社会科学研究所，史学编纂所等
	教育系	综合文化研究科·基础学部，教育学研究科·教育学部等
理工学系	理学	物理学系研究科·理学部，宇宙线研究所，物性研究所，气候系统研究中心，基本粒子物理国际研究中心，数理科学研究科
	工学系	工学部，新领域创新科学研究科，地震研究所，生产技术研究所，尖端科学技术研究中心，同位素综合中心，环境安全研究中心，信息基础中心等
	农学系	农学部，分子细胞生物学研究所等
保健系		医学部，药学系研究科·药学部，医学部附属医院等
其他		本部，图书馆，柏地区事务部，留学生中心

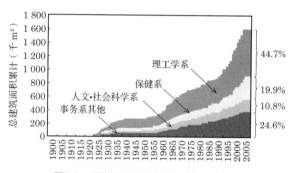

图5.9　总建筑面积用途分类（东大整体）

下面这些校内各建筑物引进的各种机器设备，可作为机器更新等从硬件方面采取措施时的研究资料，所以，需要就其设置场所、机器功率、设置年代、台数等有关引进量展开实态调查，并对结果进行汇总、分析（第2编第2章**表2.2**）。本章在这些汇总结果的基础上，在后面要讲到的产学协作研究会的活动（机器高效化决策研究WG）中，对各种对策项目可能达到的CO_2减排量测算、整理的结果通过**表5.6**做介绍。结果表明，东京大学CO_2减排的潜在能力在表中所列的测算条件下大约在4400～12000 $t-CO_2/a$左右。这样一来，基于各种机器引进量实态进行详细分析、汇总，各对策项目中性价比、CO_2减排的可能程度等都可以有效把握。

表5.6　CO2减排量汇总结果一览

案例			机器名称	测算条件	投资回收年份（耐用年份）	CO2减排量（t-CO2/a）	费用原单位（日元/t-CO2）
—	—	—	空调用大型热源设备	按同机种更新	29.9a（20a）	1253	56996
—	●	●		电气化改造	11.0a（15a）	3894	23715
●	●	●	锅炉设备	2.0t/h以上小型直流化	2.2a（15a）	1586	25824
—	—	—	分体式热源（商用）	将2000年以前的机器按同机种、同容量更新	20.5a（15a）	2475	53838
—	—	●		将2000年以前的机器按同机种、同容量做全电气化改造	20.0a（15a）	2575	50403
—	—	—	分体式热源（家庭用）	将1995年以前的机器做全容量更新	7.9a（15a）	63.1	20045
●	●	●		将1995年以前容量在2.8kW以下的机器进行更新	11.8a（15a）	13.0	29876
—	—	—	家用电冰箱	2003年以前的机器按同容量更新	11.6a（15a）	684	31528
●	●	●		2003年以前的机器统一调整为小容量	5.9a（15a）	910	15951
—	●	●	实验用冷冻·冷藏库	全部更新为高效化机种	41.6a（15a）	902	113113
●	●	●	设施用照明	将FLR照明器材全部更新为高效的Hf照明器材	7.9a（15a）	1809	21444
—	—	●	引导灯器材	将以往的器材换为LED器材	11.8a（15a）	279	31947
CASE1：CO2减排量最大					9.7a	12020	34500
CASE2：投资回收年份低于耐用年份					5.9a	8542	23129
CASE3：投资回收年份低于耐用年份的一半					2.6a	4369	11980

2 校内指导方针的制定

国立大学遵照省厅有关设施整备的基准，经过初步设计、实施设计对建筑物进行扩建。此前，每年都有按各校园的设施整备计划的新建筑竣工，建筑面积在持续增加，而建筑物的固定资产也逐渐累加。该固定资产如前述那样总建筑面积累计已达约160万m^2，看来今后建筑物固定资产中有关翻建、改建、拆除的规划、设计还会增加。但是，如果围绕这些建筑物固定资产实施设备引进的实态调查、短期计测调查，设备容量的过大化就暴露无遗了。还有，原单位管理上的能源管理也要像东京都环保条例所要求的那样，转向总量规制、管理的时代，所以，今后新建、翻建、改建等诸多层面上要把建筑物规划与设备规划融合到一起，由全校性应对是需要考虑的一个要件。

所以，东京大学充分利用前述各种实态调查的结果，在TSCP活动中于CO2减排措施之外，包括设施整备的建筑物在内，如**表5.7**所示将大学整体建筑物相关的规划、设计、运用由大学独自制定全校指导方针（2011年8月这一时点在积极处理）。

　　把大学内部的事情也考虑进来制定指导方针，新建和改建时的要求水准书上就可以做记载，教育、研究机构必不可少的扩大事业规模及减轻环境负荷两方面就可以齐头并进来考虑了。

表5.7　整体指导方针的制定（使用了原表中的题号）

有关建筑物的规划、设计、运用的 TSCP 指针
1. 目的 　东京大学于 2008 年创办了 TSCP（东京大学可持续性校园工程），为了实现低碳社会，提出了 TSCP20112 和 TSCP2030 的目标。该指导方针为了实现这一目标，东京大学承建／拥有的建筑物的规划、设计、运用（含改建项）中列出大学自身应该遵守的事项。
2. 建筑物的规划、设计阶段应遵守的事项 （1）建筑物要为减轻环境负荷进行规划、设计，以注重功能性、居住性、装饰性的高质量建筑物为目标。 （2）为了实现（1），规划、设计的建筑物必须接受建筑物综合环境性能评价系统（CASBEE）的评价，评价指标（BEE）要达到1.5以上（A级或S级），实验设施等也以此为准。 （3）为了实现（2），规划、设计建筑物的外墙与设备要具有较高节能性。外墙节能性能指标（PAL）以及设备的节能性能指标（CEC）都要达到节能法（能源使用合理化的相关法律）规定的基准值的25%以上，以更高性能为目标。实验设施等也以此为准。 （4）为了实现（2），规划、设计的建筑都要致力于利用自然能源（自然光利用、自然通风·换气、太阳能发电等）。 （5）为了实现（2），规划、设计的建筑都要引进能耗监控设备。 （6）为了实现（2），规划、设计的建筑要充分考虑延长使用寿命，层高、平面规划、荷载要有冗余。实验设施等也以此为准。 （7）教育、科研机构的大学，关于节能设备的引进等，要顾及对学生、教职员启发教育活动方面的应用。 （8）TSCP室要与建筑物的规划、设计人员协作，努力遵守上述（1）~（7）。
3. 建筑物运用阶段应遵守的事项 （1）建设或改造建筑物的运用，要事先对设备等进行验收（性能验证）。实施验收时，TSCP室要详细研究验证项目等，然后再做决定。 （2）为了建筑设备能适宜地持续使用，当事部局要设置有关能源管理的组织（由教职员组成），收集、分析能耗方面的资料，其结果定期向TSCP室报告。TSCP室对上报的资料及分析结果进行一元化管理，并且从专业角度对其进行评价，对能源使用中的适宜度、机器设备性能的老化等，为各部局能源管理组织提出适当建议。
4. 其他 　该指导方针要按照实际状况随时进行修订。

【文　献】

1）河野匡志，柳原隆司，花木啓祐，磯部雅彦，坂本雄三：国立大学施設における環境負荷低減手法に関する研究，日本建築学会環境系論文集，第 76 巻，第 666 号，pp.727-734（2011.8）

217

第 2 编　既有楼房的节能改造与实践

5.4　减轻环境负荷手法的运用及其效果

东京大学有效利用这种减轻环境负荷的方法，通过校内建筑物CO2减排计划的立案、实践所取得的成绩如**表5.8**所示，CO2减排量累计约6400t–CO2/a。而保健系建筑物A，在大型热源更新对策上，接受了经济产业省国内赊购证制度中作为CO2减排方法论的新认证（002–A），并在其他减排事业上得到应用，为该制度的普及做出了贡献。在单体式空调设备的改造方面，按照校内基准适用于能力原单位有关的基准程序进行实施设计，既有设备容量降低约28%（1669kW≥1196kW）等，实际改造施工中也可以列举出实效。

表5.8　CO2减排对策实施效果

建筑物用途	CO$_2$减排效果	对策内容
工学系	−70[*1]	修改热源机器的设定
保健系	−30[*1]	修改送水温度
保健系	−2550[*1]	大型热源机更新
全校共用	−1800[*2]	设施用照明器材更新
保健系	−450	大型热源机更新
保健系	−1070	型热源使用上的改善
农学系	−430	柴油锅炉更新
合计	约−6400 t–CO^2/a	

*1　基于计测调查·能源管理资料的实际值
*2　基于经产省国内赊购证制度中的方法论计算

6.1 ZEB（零排放大厦）

1 ZEB的概念

据2010年的民主党公约公布的数据，日本的温室气体排放量在1990年基础上到2020年要减排25%，而2010年的意大利峰会上达成的协议，要求2050年之前主要发达国家要减排80%。建筑物的温室气体排放，基本可以换算为CO_2的排放量，所以，本文把温室气体置换为CO_2。

商用建筑物的CO_2排放量如果同样按上述减排率要求，就需要有很多零排放大厦[*1]（ZEB）才能达到。之所以这样说，是因为有些建筑从用途、规模上无法实现这一目标。

日本并没有给ZEB做定义，零排放大厦或可称作零能耗大厦。电力一次能源换算系数（MJ/kWh）与电力相关的CO_2排放系数（kg-CO_2/kWh）[*2]的换算方法不同。但是如果视为零，那么就与电力相关的CO_2排放系数没有关系了，排放也罢，能源也罢，实质上是一样的。即便非零的场合，如果消费的能源都是电力，即使地区不同只要采用同样减排方法，就应该有相同的削减率。

可以认为所谓ZEB化，也包括辅助自然能源的利用，具体讲，就是场地以外设置的太阳能发电的利用、买入绿色电力等。辅助的低碳化手法，也就是建筑物场地内或与建筑物物理性连接这层意义上的辅助手法中，根据建筑物集中的城市部的特性采取的手法也应该包含在内。这样可以使地区制冷供暖实现高效运转，通过未开发能源的利用实现高效率化。

2 ZEB化的可能性

（1）为实现低碳社会明示方向的重要性

在实现低碳化社会这一潮流中，与商用建筑相关的所有方面都需要低碳化战略。但是，实行各自立场上的职责，其结果是综合叠加地方效果、2050年CO_2排放量削减80%有没有可能，尚难定论。

各自立场所付出的努力有没有回报也无从知晓。为此，考虑走向低碳化的路线，

[*1] 零排放：一般指向自然界的零排放，就商用建筑的全球变暖问题而言，即指CO_2的零排放。

[*2] 电力一次能源换算系数（MJ/kWh）与电力相关的CO_2排放系数（kg-CO_2/kWh）：发电厂1kWh的发电量所消耗的一次能源量，及其排放的CO_2量。一次能源换算系数是对于火力平均进行的换算，CO_2排放是整体电源平均做的换算，所以两者会出现背离。

用某种样板做测算，用来显示削减80%的可能性。

（2）V/L的视点

在考虑削减80%这一路线的基础上，还需要从V/L的视点[*3]考虑，因为V增大L也随之增大。但是低碳化中的V仅限于与能耗相关的V，而且这个V要将建筑面积的量与舒适性、便捷性的质分开来考虑。

（3）与商用建筑相关的各种角度的职能及思考顺序

2020年削减25%、2050年削减80%的目标，往往理解为只是建筑的施工者、使用者如何去实现，其实并不仅限于此，与建筑低碳化相关的所有方面都付出努力才能得到综合性的叠加效果，能完成就好。这里所说的建筑相关各方的职责与尽其职责产生的效果，要分开来考虑。

①各方对现状的认识

首先对现状的认识是十分必要的，要把握来自建筑的CO_2排放量与不同消费去向[*4]排放量，认识到什么地方排放多少，才能知道哪里有减排的必要，并由此安排减排的先后。

②建筑施工者最新技术的使用

通过最新建筑技术的使用，测算出按当前标准的CO_2排放量能削减到什么程度。

③产品供货方进行技术开发，提供技术领先的机器。

CO_2的减排更多寄望于热源·空调系统和照明器材的效率，同时还要预想到有关OA设备节电化这种未来技术的开发，测算其效果。

④使用者运用上的改善，利用BEMS[*5]实践PDCA[*6]

运用上利用来自BEMS的信息去实践PDCA也很重要，设想其效果有助于街区AEMS[*7]的构筑。

⑤能源的提供者通过低矿物化燃料的电力降低CO_2排放系数

设想在今后如何降低电力CO_2排放系数。

⑥实现为使用者提供更多选择的社会

设想足够程度的V当中的量即建筑面积的增加，进一步还要想到足够程度的V当中有关质的舒适性与便捷性的提高，在此基础上看现状中商用建筑的CO_2排放量会有多大的增加。

⑦从事行政者对政策、方针的制定

关于以上①～⑥，针对2050年脱温室化的目标的设定同时公示出相关路线，才可

---

*3　V/L的视点：V（Value）指价值或丰富程度，L（load）指负荷。对于全球变暖问题，V/L值越大越好。

*4　消费去向：建筑物能源消费去向有多种划分方法，至少要从空调热源、空调输送、照明、OA设备、热水供给、换气与其他方面分别来掌握。

*5　BEMS：Building Energy Management System

*6　PDCA：Plan、Do、Check、Action（计划、实施改善、效果验证、修改）

*7　AEMS：Area Energy Management System

以期待具体政策、方针的制定。

（4）测算结果

按以上步骤探讨低碳化的主要手法如**表6.1**所示。

表6.1　低碳化探讨手法

②	被动式建筑/核心配置、窗面积率、高隔热窗 自然能源/自然换气、户外空气制冷、夜间户外空气冷却 输送摩擦损耗/热媒温度、规格（现状比1/2） 变频与传感器/流量、温度、CO_2浓度、体感、光线、CO浓度
③	热源、空调机器效率/热源：现状比1.2倍、泵、风扇、电机 照明器材效率：现状比1.5倍 低电耗OA设备：现状比1/5
④	BEMS和PDCA　削减5%左右
⑤	电力CO_2排放系数/非矿物燃料、CCS、废弃物气化处理、太阳能：现状比1/2
⑥	充实程度的提高：现状比1.5倍

①各方对现状的认识

首先要分清日本商用建筑的CO_2排放量及自身相关建筑物的排放量。日本2005年全年商用建筑的CO_2排放量为2.29亿t，用2005年度建筑面积1740百万m^2去除，所得结果为132kg–CO_2/（m^2·a）。这就是**图6.1**的"商用建筑各相关方面发挥作用的测算结果"图表中的"①基准"。然后，把握不同消费者的CO_2排放量，这次测算的样板中不同消费去向的CO_2排放量比例如**图6.2**所示。掌握了什么地方，排放了多少，才好确立低碳化的对策。所以，要制定CO_2减排计划，就要获取分类更细的排放量数据。但是，**图6.2**的7个类别中各消费者的排放量就连当前现状也不曾计测过。针对2050年的阻止地球变暖的要求，持续加强计测工作也是一大课题。

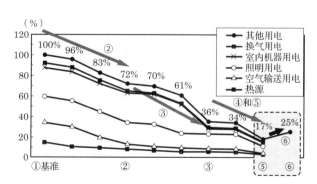

图6.1　商用建筑各相关方面发挥作用的测算结果（室内机器用电量指OA机器）

②建筑施工方最新技术的采用

如**图6.2**所示，热源用、空气输送用以外的部分占60%以上，可见阻止地球变暖的需要各消费去向都明确大幅减排的必要性。一般在低碳化技术之外，作为务必要推行使用的最新建筑技术有：

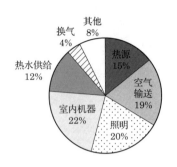

图6.2 不同消费去向CO₂排放量占比

·被动式建筑[8]与自然能源[9]

·避免浪费/适宜的热媒温度[10]与减少输送摩擦损耗[11]

·变频与传感器[12]

使用这些手段时的CO₂排放量如**图6.1**中的箭头所示。经测算得知排放量为现状的2/3左右。

这当中的变频与传感器将在后面讲到。在空调的控制上，热源用机器在部分负荷控制下运转，而用于输送的多处于未控制状态。送水量与送风量可以按负荷情况做可变控制，所有的泵、风扇都采用变频控制。用于呼吸而引入的户外空气量要根据在室人员数通过室内CO₂浓度进行控制。照明方面，通过光线传感器对初期照度做补偿控制，以及根据白天的光线进行控制，通过人体传感器实行自动明灭控制。由于照明器材、OA设备的能耗削减导致发热的减少，制冷的能耗也就随之减少。对于换气，要按照换气的目的，根据温度及CO₂浓度等进行变频控制及启停控制。

③产品供货方进行技术开发，提供技术领先的机器

主要表现在热源·空调系统和照明器材效率的提高，以及OA设备的节电化方面。热源机器效率如**图6.3**所示，与1990年相比提高近30%，空调机近50%。本研究对将来效率的提高预计为+20%。空调机的泵、风扇、电机效率的提高也值得期待。空调机风扇的静压效率以前是55%左右，现在出现了75%的实例。

---

[8] 被动式建筑：致力于不依赖机械打造舒适空间。削减建筑外墙造成的制冷供暖负荷，白天光线的利用等。楼梯、电梯等核心配置的适当选择，窗檐、侧墙的设置，窗面积的缩小，采用隔热遮光性能较好的窗玻璃等可以减少负荷。

[9] 自然能源：春、秋季都需要制冷空调的建筑物很多。因户外气温比室温低，所以希望不要依赖机器而采用自然换气。在不能自然换气的地方，可以靠风扇进行外气制冷。夜间户外气温低的时间里希望利用户外空气进行冷却，夜间利用户外空气进行冷却被称为"夜间净化"。

[10] 适宜的热媒温度：医院、旅店热水供给多采用中央方式，使用用作热源的锅炉蒸汽。很多实例表明，因锅炉蒸汽的热损耗占生成热量的很大比例，导致配管热损耗、蒸汽跑漏等。供给热水能达到60几度的温水就足够了，建议选择适宜的热媒温度。

[11] 输送摩擦损耗：输送动力的变频控制在削减程度上也有界限。所有的泵、风扇在变频控制后谋求进一步的低碳化，需要修改输送系规格的选定基准。尤其是空气的输送，摩擦损耗为现行基准的1/2，把占建筑物整体20%的输送动力消耗降低到10%。

[12] 变频与传感器：多用变频有助于实现低碳化。在这种情况下，变频控制需要使用传感器。最近，传感器的高精度、廉价化显著提高了性价比。

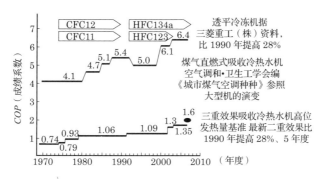

图6.3　热源效率的演变

照明器材如**图6.4**所示，LED照明、有机EL照明等高效器材的开发，到2025年有望比现状提高50%。OA设备的节电化也在飞速向前发展。如**图6.5**所示，有报告认为2025年将降至现状的1/12。对照OA设备的电耗降至1/5的预计效果，产品供货方进行技术开发，提供技术领先的机器将产生的效果如**图6.1**的箭头③所示。

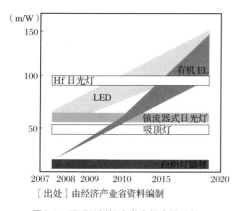

图6.4　照明器材提高发光效率的预想

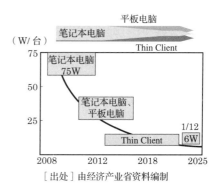

图6.5　OA设备耗电量的预想

除照明、OA设备以外，全年电力消费量也多的出乎预料，无人状态下仍有电耗产生[13]。如**图6.6**所示，这也是不可忽视的电耗。而且这类无人时电耗的发生时间为365d×24h/d，相对于商用的全年运转时间平日244d×约12h/d，可造成约3倍时间的固定量电耗。随着将来照明、OA设备节电化的推进，无人时用电的节电化就十分重要了。

④使用者运用上的改善与BEMS在PDCA上的实践

设置BEMS，通过实践PDCA可取得明显的低碳化效果，来自BEMS的信息经过PDCA显现出效果。NEDO[14]辅助事业的成果有6%的成效，

---

*13　无人状态下也有电耗：无人的时候维持建筑物是运转所需的防灾、防盗、自动控制机器等使用的电力，以及待机电力、变压器损耗等。

*14　NEDO：New Energy and Industrial Technology Development Organization

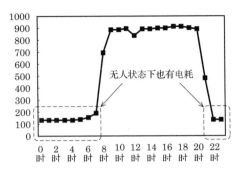

图6.6　无人时的电力消耗量（写字楼不同时间段的耗电量示例）

本文将削减效果设定为5%。而街区AEMS的构筑也可以说证实了PDCA的实践切实有效。由AEMS进行管理、监控，通过PDCA的实践，地区一元化管理，相邻关系之间切磋研究，以此谋求低碳化。

⑤能源供应方通过燃料低矿物化削减电力CO_2排放系数

如降低发电时的CO_2排放系数，建筑物的CO_2排放量也会相应减少。随着节电化的推进，非矿物燃料的占比也会自然而然地增加，所以，从目前的非矿物燃料发电能力足以预见将来电力CO_2排放系数的降低。再进一步，非矿物燃料发电、高效复合循环发电的增加，以及太阳能发电、风力发电的更多采用，可以期待到2050年能将比目前再减少一半。加上④和⑤的效果如**图6.1**的箭头④和⑤所示（因2011年3月11日东日本大地震福岛第一核电站事故，前景已变得很不透明）。

通过以上②～⑤的设定，如**图6.1**所示可达到17%。

⑥实现让使用者有更多选择的社会

建筑面积增加这一量与舒适性、便捷性这一质，这两方面内容将来会宽松到什么程度很难预测。少子化、高龄化时代建筑面积还会不会增加尚不明朗，但不难想象，人均建筑面积将会有所增加。而医院、福利设施等服务于老年人的设施也会增加，质上也一定会有明显提高。

在质的提高方面，可以看1990年以来写字楼的状况。这期间在节能上付出努力的成果使建筑性能有了很大提高，比如窗性能、Hf日光灯、热源性能等。有关单坡屋顶、能源消费方面从容度的提高比如有：

· 顶棚高度由2 600mm提高到2 800mm。

· 照度由500lx提高到750lx。

·OA设备从每科1台增加到每人1台等例子。

由这些能源消费比率得出的测算结果如**图6.7**。建筑性能的提高应该接近8成，但从容度的提高否定了建筑性能的提高而明显增加。仅从容度的提高就有近7成的增加率。

本文按2050年建筑面积增加2成，因提高舒适性、便捷性使得OA设备的电耗增加5成来测算，结果如**图6.1**的箭头⑥所示。按②～⑤的低碳化手法已达到17%的部分还会

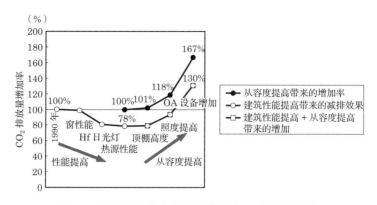

图6.7　1990年以来因从容度提高带来的CO_2排放量的增加

再增至25%。

图6.1所示的25%是随着今后从容度的提高CO_2排放量增加率达到5成（=25.4/16.9）时的情况。

如增加5成，削减80%的目标就难以达到。从容度如毫无拘束地发展下去，仅凭提高建筑性能很难达成目标。电视机的耗电量按每时减半来要求，重新采购时尺寸减半结果又恢复原状了。可见取舍之间从容度的选择很重要。提高附加价值的举措不断出新，必须置身于选择确实需要的从容度的社会。

以上就是商用建筑各相关方通过职能的发挥，可以认为2050年的CO_2排放将比目前减少20%。

6.2　地热利用系统

1　地热的利用

"地热"指地下深度在数10～200m左右较浅岩盘上的热能，与来自地下1 000m以下地壳深部的热能所指的"地热"通常是有区别的[1]。一般把地热定位于利用部分太阳能的温差能源，与气候、地形、场所等无关，哪里都可以利用是其一大特征。

有关新能源利用等如何促进推广的特别处置法实施令（统称新能源法）中，在江河热包括其他水热源的利用外，近年来可再生能源的利用也被视为其中之一。

地热的利用形态依其特性大致分为如下几种：一是利用地基的恒温性[*15]，就势作为热泵的热源加以利用，特别是通过与热泵的组合，用微弱电力即可得到多出数倍的能源。所以，为了实现优越的低碳化社会，地热的利用在环境、效率性上是非常有效的技术；二是对地基蓄热性的利用，利用季节周期蓄水层、深井、岩洞等进行蓄热/放

---

*15　如果没有外部热量的影响，地下约10m以下深度的温度，并不会随外界气温变动，全年基本保持一定温度（恒温）。这一恒定温度被称作不易层温度。

热[2]。这里需要注意的是，前者的恒温性与后者的蓄热性在利用上两者密切相关（参照**图6.8**）。一般以江河水、下水为热源的热泵系统，可提供日常稳定的热源水温度，与此相比，利用地热较多的场合，如果缘于地基的热容量持续作为热源使用，热源水温度就会上升或下降。为此，引进地热利用系统时适宜地把握好热源水温度就显得十分重要了。

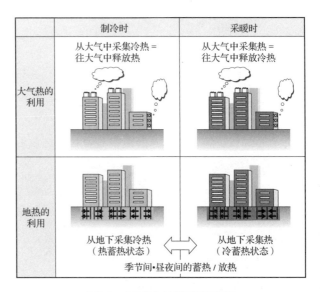

图6.8 大气热与地热利用示意图

② 背景

地热热泵的设置数量以瑞典、德国、瑞士、奥地利、美国、加拿大等为中心，全世界累计约128万台（按12kW装置换算的推测值）[3]，这是已经为欧美国家众所周知的系统。日本从20世纪80年代初开始将其用于北海道等寒冷地带的供暖和融雪，此后的2003年，得益于日本地热热泵的批量生产，最近几年每年都引进数百件[4]。以往采用实例多见于北海道、东北地方等寒冷地带及准寒冷地带，如今日本全国各地都可以看到。

如此一来，地热利用这一概念就不再是新事物了，但是，近年来鉴于地球环境问题及节能与CO_2减排越来越受到瞩目等社会背景的变化，不问位置、用途、规模等，研究机会逐渐增多。欧盟圈内各加盟国都已经把靠热泵利用大气热及地热正式认定为可再生能源利用（但限定按二次能源换算全年效率使用在3.1以上的机器），主张到2020年，欧盟圈内可再生能源的比例要占最终能源消费的20%以上[5]，日本也出现了追赶这一潮流的动向。

③ 系统的基本构成

如**图6.9**所示，利用地热的热泵系统基本上由①地热换热器、②热源机及热源辅机和③二次侧系统构成。目前，日本地热换热器多采用深井及在地基中垂直埋设基础桩过程中插入U形采热管（称作U管*16）。寒冷及准寒冷地带，需要为采热管中的热媒添加不冻液*17，其他地区可使用清水。

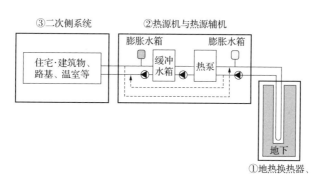

③二次侧系统　②热源机与热源辅机

膨胀水箱　膨胀水箱

住宅·建筑物、路基、温室等　缓冲水箱　热泵

地下

①地热换热器、

图6.9　地热热泵系统的基本构成

利用地热的热源机构造基本上与通常使用的水热源热泵冷风机相同，可以利用热源水温度变动较小这一条件，但冬季温度要降至零下，而夏季又要防备温度升高的情况，为此，选择冷媒以及选定换热器时多采用地热专用的热泵冷风机。至于二次侧系统，则无关制冷/供暖、热水等怎么使用，基本上与使用地热以外的热泵的场合做同样的设计。有关其他项目，详见文献6）。

4 什么是利用地热时的系统效率

影响地热热泵系统效率的主要参数如**图6.10**所示。首先，地基侧的地质及地层的不同都会造成热特性上的区别。特别是砂砾层、砂层较明显的地方，可通过地下水的移流带来外观上的有效热传导率*18上升，这是决定选址那一刻给定的条件。接下来，是设置什么规格的地热换热器，依深度、台数的不同整体功率也是不一样的。地热热泵的周边，在机器本身的效率上外加，根据送水温度的设定值、控制方法，其期间效率也会发生变化。还可以列举出建筑物方面，地热利用系统承担的热负荷的大小、运转方式上的诸多区别。

这里至关重要的是，这些要素并不是各自独立的，彼此密切相关的系统效率是决定性因素。比如，对于地热换热器应该用多大容量，建筑物一侧要不要承担热负荷？不同情况下热源水温度有很大区别。再有，目前较大规模的中央热源系统往往部分采

---

*16　可从国内多家公司购入，材质方面，上下水管、城市煤气管道多使用高密度聚乙烯（PE100）。公称直径20A或25A，长度m为100m，往往根据需要指定。

*17　使用氯系、乙醇系、乙二醇系、有机盐类等为主要成分并添加防锈剂的材料，通过水溶液的浓度调整解冻温度。腐蚀性低，有较强的热特性和稳定性，要求较低黏度等。

*18　利用地热时，作为表示热传递性能的指标，对象范围整体的平均热传导率，即有效热传率比较常用。此时，因地下水移流所造成的影响一般也要包括在评价范围内。

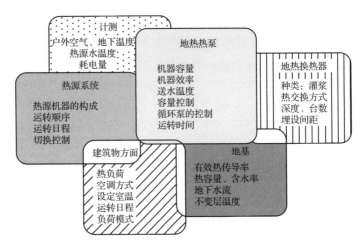

图6.10 利用地热时影响系统效率的主要参数

用地热利用系统，在这种情况下，在充分掌握地热热源特性的基础上，还要优先考虑热源的整体效率，研究运转方法。

另外，计测对系统效率的影响也是很重要的一项内容。地热与大气热不同，如果因为热容量持续造成运转上的不适，周边的地基温度就会不断地上升或下降，从性质上讲恢复是需要时间的。为此，建议构筑系统、体制时要便于计测数据，能尽快改善运转。

5 温暖地带的有效使用

如上所述，地热利用是以寒冷地带为中心发展起来的系统，对于制冷负荷较大的温暖地带如何有意义地利用，到目前为止还很少有机会就此展开议论。温暖地带为了高效运转地热利用系统，至少空气热源系统要首先实现高效，做到这一点取决于机器本身的COP特性，其他在设计及运用条件上要设法避免热源水温度的过度上升，确保热源温度的优先地位很重要。

下面就看一看寒冷地带与温暖地带条件上有哪些不同。

首先是地基不变层的温度，通常情况下年平均为+1 ~ 2℃[6]。比如，札幌和东京的年平均气温分别为8.8℃和16.6℃[7]，简单地想一想不变层这大约8℃的温差。如果将地热用于制冷热源来考虑，这一温差越是在温暖地带越容易造成不利因素。再有，温暖地带的商用建筑普遍以制冷负荷为主，在这一点上以关东地方的主要城市为对象计算热负荷时，制冷与供暖两种负荷的总量比约为7:3 ~ 8:2。

对于这种严重失衡的需求，假如都用地热去满足会怎么样呢？第一，由于过高的制冷负荷，地热换热器的台数就要增加，挖掘费用相当高；第二，相对于制冷时对地基的放热量，供暖时的采热量较少，全年循环致使地下的热平衡被打破，结果导致热源水温度每年都在上升，陷入长期无法使用的危险境地。这种情况处在只用热的相反场合也适用。但是，地下水移流效果明显的地基中，放热、采热带来的热源水温度变动要缓和得多，所以不会受此约束。

还有一点需要注意的就是，制冷时如把地热作为热泵的热源使用，即使同样大小的功率，制冷给地基的负担也远比供暖时的负担大。这样一来，相同的运转时间，对地基的放热量却相对增多，热源水温度的上升也越来越明显。

在这一背景下，温暖地带通常的商用建筑由于对地中热的利用，以空气热源等热泵为主体的热源系统的局部是否适用就值得考虑了。比如，供暖负荷如果可以全部仰仗地热做设计，就可以把空冷热泵冷风机改为制冷专用，如果是大型系统很可能就不需要加热塔了。在这种情况下，调整制冷的运转时间、功率，把对地下的放热量调整到与供暖时的采热量同等程度就是很重要的一环。如只在高峰期运转，空气热源机器性能的低下就可以补齐，从而削减这期间对大气的放热量。

6 热源水温度的简易样板化[*19]

引进地热利用系统时，怎样根据设计条件、运转条件把握逐渐变动的热源水温度是很重要的一个环节。从设计到运用阶段，对非恒定的数值做解析，进行单项研究有助于系统的引进，企划和计划阶段研究地中热利用的场面上是找不到更简便的评价方法的。为此就形成了一定程度的限制，在系统构成、运转条件统一的基础上，可以改变认为具有代表性的地基的热特性、热源机效率等参数，同时可以考虑对全年热源水温度的动态事先做计算的方法。

例如，以将中央热源系统的局部作为地热热泵使用的系统为对象，假设夏季把地下作为（制冷用）冷热源，冬季（供暖用）作为温热源使用，如前所述，日本温暖地带处于夏季制冷时的排热给地基加大负担的状态，本文研究中牵涉的时间段固定于冬季的供暖运转期间12月1日~3月31日，夏季的制冷运转始于7月1日，当对地下的放热量与前面供暖季的采热量达到等量时运转即告终止。其他的计算条件如**表6.2**所示，参数有①地基的有效热传导率λ_e、②热泵的额定COP，还有③热源机功率每1kW的地热换热器（深井型）容量l_{ex}这三种。这里的热源机容量固定为100kW，如果l_{ex}为20m/kW，深井20处总长就是2 000m。

表6.2 计算条件

项目			计算条件
热负荷条件	功率（kW）	制冷	100
		供暖	100
地基条件	有效热传导率λe［W/（m·K）］*		1.0，1.5，2.0，3.0
	热容量［kJ/（m³·K）］		3 000
	不变层温度（℃）		17.5（假设东京）
地热交换器（深井）	口径（mm）		120
	有效热交换长度（m）		100
	埋设条件	台数（台）	20（4×5），25（5×5），30（6×5）（分别埋设间距5m）
		热源机功率每1kW的容量（m³）*	20，25，30
	热交换方式		双U形管方式（高密度聚乙烯制25A U形管，每个深井插入2组）
	热媒		清水
热源机	种类		水热源热泵冷风机
	功率（kW）	制冷	100
		供暖	100
	额定COP	制冷	3.5，4.0，4.5，5.0（冷水出口7℃，热源水入口30℃条件）
		供暖	3.5，4.0，4.5，5.0（温水出口45℃，热源水入口15℃条件）
二次侧	送水温度（℃）	制冷时	7
		供暖时	45
	日运转时间		8：00～20：00（休息日不考虑）

* 本次计算用的参数

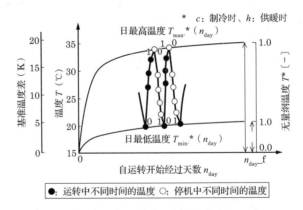

图6.11 热源水温度变化模式图（制冷期间，地基的不变层温度15℃时）

图6.11为热源水温度变化的模式图。制冷时热源水温度以不变层温度为中心上升，这里的计算中其上升幅度无关地基不变层温度的不同，大致相同。因此，不变层温度从参数中被排除，以热源水温度与不变层温度差作为基准温差来表示。

在这一计算条件下，日最高温度出现在制冷期间的运转终止时（或供暖期间的运转开始时），相反，日最低温度出现在制冷期间的运转开始时（或供暖期间的运转终止时）。而运转中以及停止中则在日最高温度与日最低温度之间变化。如图所示，日最高、日最低的各种变化初期温度为0，期间最终温度为1，将其无量纲化、同样，在运转中、停止中不同时间的变化把日最高、日最低温度分别作为0或1，以无量纲化来表示。

文献1中有详述，通过**图6.12**中所示的无量纲化示例，由参数l_{ex}的不同可以将热源水温度变化的差标准化，其中的横轴用常用对数表示，由此得出粗略线性关系所表示的结果。

（计算条件λ_e：2.0W/（m·K），额定 *COP*：4.0）

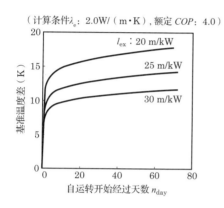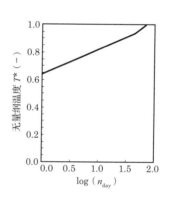

图6.12　热源水温度变化示例（制冷时的日最高温度）

像这样把热源水温度的全年动态以简便的函数化表示，不仅可预测地热单独运转性能，还有助于全热源系统中的性能比较。将来在LCEM工具[11]（国土交通省）等系统模拟上将其作为系统构成的一种选择也是值得期待的用途。

7 羽田机场国际航站楼的引进实例

近年来，温暖地带也开始尝试利用正规的地热，多数商用建筑依然将其作为中央热源系统的一部分加以采用。其中一个实例是2010年7月竣工，同年10月交付使用的羽田机场国际航站楼的引进项目。

图6.13是设施的主体形象。航站楼位于照片中央，其右下方是为航站楼提供电力、制冷供暖等能源保障设施大楼（以下称作能源楼）。

图6.14是系统的概念图。从地热热泵送出的冷（热）水接到中央系统的往/返联管箱上，其特征在于，一次侧地热以外的中水（中水槽容量420m³）也可以利用。比如，夏季高峰时间，如果能稳定获得不足30℃的中水，就有可能减少地下侧的运转时间，夏季系统效率的提高值得期待。

图6.13 东京国际机场国际线旅客航站楼

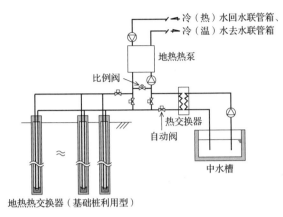

图6.14 地热热泵装置系统图

地热交换器利用了能源楼部分的54根基础桩[20]（既有的PHC桩）。桩平均长度45.3m，与地下做热交换用的有效长度为33.1m，桩的内部空间注满水，分别插入2组高密度聚乙烯质U形管，以此作为间接型地热交换器使用。**图6.15**、**图6.16**为桩基施工和U形管插入的情景。

这里还要再重复一遍，温暖地带地热利用时必须引起注意的问题就是，冷热超常使用造成热源水温度的过度上升，空气热源系统的优先地位也就无从保证了。而大气温度和缓的制冷供暖期间后期，地热的利用价值就很小了。

按给出的同一设施的诸条件对全年进行计算[12]，**表6.3**为计算条件，**表6.4**为给出的3个运转区间。运转中的户外气温和热源水温度的温差表示为ΔT时，显示出**图6.17**所示的相对读数分布情况。制冷时ΔT的正值范围越大，同样，供暖时ΔT的负值范围越大，地热利用的价值也越大，可以说这就是条件。这次的计算中，削减了运转时间的Case2、Case3都比Case1处于优势地位，尤其是Case3，可以看出制冷时很大的价值。再看Case2和Case3在制冷时对地基的放热量与供暖时的同采热量几近等量，从全年采放热的平衡方面来看，可以确认已经达到适宜的运转条件。

今后，在计测数据的严查，依需要及时做适当运用改善这方面值得期待。

图6.15 桩基施工情景

图6.16 U形管插入的情景

---

[20] 除了此前的PHC桩、钢管桩之外，还有利用现场打造RC桩等实例。

表6.3 计算条件

项目			计算条件	备注
热负荷条件	功率（kW）	制冷	176	
		供暖	176	
地基条件	有效热传导率λ_e［W/(m·K)］		1.27	热回应试验结果
	热容量［KJ/(m³·K)］		3000	
	不易层温度（℃）		17.6	实测值
地热交换器	桩口径（mm）		外径：1200，内径：875	
	有效热交换长度		33.1	实测值
	埋设条件		54根（如下图网状配置） 平均间距7.5m	平均间距7.5m
	材质		桩：混凝土（λ=1.5W/(m·K)） 内部：水（λ=1.5W/(m·K)）	水的自然对流由热传导率换算后计算
	热交换方式		双U形管方式（高密度聚乙烯制25A的U形管，每根桩插入2组）	
	热媒		清水	
热源机	机种		自然冷媒水热源热泵冷风机	
	功率（kW）	制冷	176（50 USRT）	
		供暖	176	
	额定COP	制冷	4.03（冷水出口6℃，热源水入口30℃条件）	
		供暖	4.03（温水出口45℃，热源水入口15℃条件）	
二次侧条件	送水温度（℃）	制冷时	6	热源水温度＞34℃即停止
		供暖时	45	热源水温度＜7℃即停止

表6.4 制冷/供暖运行期间

条件	制冷运行（运转时间）	供暖运行（运转时间）	备注
Case1	6月1日～9月30日（976 hr）	11月1日～来年4月30日（1448 hr）	基本条件
Case2	7月1日～9月30日（736 hr）	11月1日～来年3月31日（1208 hr）	
Case3	6月1日～9月30日（732 hr）	11月1日～来年3月31日（1208 hr）	仅制冷期间11:00~17:00运转

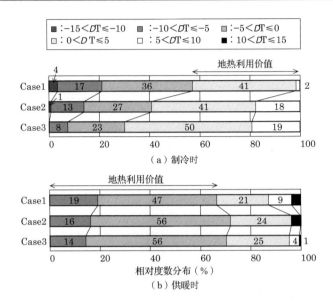

图6.17　各运转期间ΔT（户外气温−热源水温度）的相对度数分布

【文　献】

1) NEDO：地球熱利用システム　地中熱利用ヒートポンプシステムの特徴と課題リーフレット（2006）

2) 空気調和・衛生工学会：空気調和・衛生工学便覧第 14 版，第 3 編，p.107（2010）

3) IEA Heat Pump Center：IEA Heat Pump Center News Letter, Vol.23, No.4, pp.16（2005）

4) サンポット（株）：http://gshp-sunpot.jp/index.html（2011.2）

5) 欧州議会：http://www.europarl.europa.eu/news/public/default_en.htm（2011.2）

6) 北海道大学地中熱利用システム工学講座：地中熱ヒートポンプシステム，オーム社（2007）

7) 日本建築学会：拡張アメダス気象データ，2000

8) 長野，葛，他：土壌熱源ヒートポンプシステム設計・性能予測ツールに関する研究　第 1 報～第 3 報，空気調和・衛生工学会論文集（2005～2008）

9) ゼネラルヒートポンプ工業（株）：http://www.zeneral.co.jp（2011.2）

10) 岩本，金田一，他：地中熱利用ヒートポンプシステムシミュレーションのためのモデル開発（第 2 報）対数関数を用いた地中熱交換器のマクロモデル開発，空気調和・衛生工学会平成 22 年度大会（山口）学術講演論文集，pp.1871-1874（2010）

11) 時田，杉原，松繩，丹羽，他：ライフサイクルエネルギーマネージメントのための空調システムシミュレーション開発　第 1 報～第 26 報，空気調和・衛生工学会大会学術講演論文集（2005～2009）

12) 金田一，長野，他：空港旅客ターミナル施設における地中熱ヒートポンプシステムの適用（第 1 報）計画概要および数値シミュレーションによる性能予測，空気調和・衛生工学会平成 21 年度大会（熊本）学術講演論文集，pp.141-144（2009）

6.3 潜热、显热分离空调

致力于节能的行动正在加速进行中，建筑物能耗中占较大比例的空调设备的省能化具有深远意义。另一方面，对空调机给室内带来的舒适性的保持、随着建筑物高气密性、高隔热性的加强对换气要求的义务化等，要求空调设备发挥更多的作用，也就是对空调设备兼顾节能性和舒适性的要求越来越突出了。在这股潮流中，最引人注目的是利用干燥剂外调机的潜热、显热分离式空调。

本节内容将简略讲述兼顾节能性和舒适性的潜热、显热分离式空调会做出哪些贡献。

1 传统空调方式与潜热、显热分离空调方式的区别

传统空调方式，比如由箱式空调、大厦用中央空调进行潜热、显热处理，要与处理外气负荷的全热交换器组合成一个系统来完成。通过全热交换器，可将80%的排气能源回收利用，带来节能效果。但是，考虑到与室内舒适性的兼顾问题，这种系统仍有不尽人意的地方。

夏季使用除湿制冷时，传统的单体分散式空调设备必须由空气调节器独自同时处理潜热、显热。如果优先处理潜热，就要将空气冷却到露点温度边缘，而冷却到接近露点这一温度，吹出的空气对室内环境而言又往往过低，同时冷却也加大了能耗。为了防止吹出的空气温度过低，往往要重新加热，由此又进一步增加了新的能耗。通过冷却除湿，虽然使室内湿度达到正常值，可吹出的空气温度过低，直接吹到风的人难免抱怨太冷。而显热处理优先时可抑制吹出的空气温度过低，空气未降到露点温度以下就不能进行充分除湿。需要潜热处理时减少能耗，室内保证在设定温度（比如目前推荐的28℃）上，可湿度较大仍处于湿漉漉的不适环境中。像这种由空气调节单体承担潜热、显热两方面处理的传统空调方式，很难在节能性与舒适性之间找到平衡。

对此，潜热、显热分离空调方式可以取代作为外气处理机使用的全热交换器，引进干燥外调机。干燥起吸湿剂作用，借助这种吸湿剂的力量进行潜热处理。例如**图6.18**就是回旋式干燥外调机的结构图。①首先，户外空气通过干燥外调机内的吸湿剂（干燥剂旋转）被除湿，②吸湿时产生的吸附热由显热交换器、冷却器去除掉，向室内送风，③室内回风时通过显热交换器、加热器加热到60～80℃，④被加热空气的通过使吸湿剂得以再生，从吸湿剂中吸取了水分的空气被排到户外。与传统的空气调节单体做冷却除湿对比，利用吸湿剂除湿无需过度冷却空气，之后再重新加热，可削减潜热处理所产生的能耗。

像这样任由干燥外调机去做潜热处理，空气调节侧仍可将显热处理优先。空气无需冷却到露点温度以下，所以就可以把冷媒的蒸发温度设定得高一些，削减能耗，

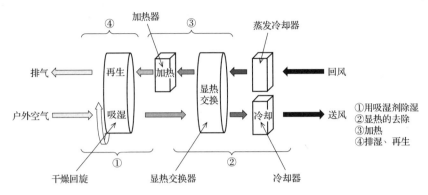

图6.18　回旋式干燥外调机的结构简图

有助于机器*COP*的提高。另外，吹出的空气温度不会过低，可消除冷风造成的不适感。

冬季供暖时，将干燥外调机增加了的吸湿、排湿路径对调，可用作加湿。近年来高气密化的办公室等因OA设备对室内热负荷的影响，有时冬天也要开制冷空调。在这种情况下，若有能将潜热与显热分开控制的系统，就可以在加湿的同时使用制冷空调了。

以上是通过引进干燥外调机实现潜热和显热的分别控制，节能性兼顾舒适性的期望值就更高了。

② 东京大学内的潜热、显热分离空调实测案例介绍

为了评估居室空间实际使用潜热、显热分离空调的节能性、舒适性，2010年夏季对东京大学研究生院学生房间内进行了实测。检测对象的干燥外调机如**图6.19**所示，其内部装有两个吸湿剂，属于吸湿侧与再生侧可交替连续除湿类型（称作间歇式）。**图6.20**为检测对象室的平面图，房间层高3.45m。**表6.5**为**图6.20**中显示的室内温湿度测定点的图例细节。实测室原来装有3台箱式空调和3台全热交换器，与这次引进的干燥外调机和大厦中央空调（室内机3台）组合起来的系统进行了比较。**图6.21~图6.23**显

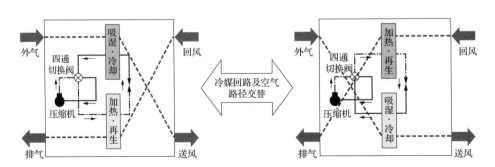

图6.19　实测对象干燥外调机的结构（间歇式）

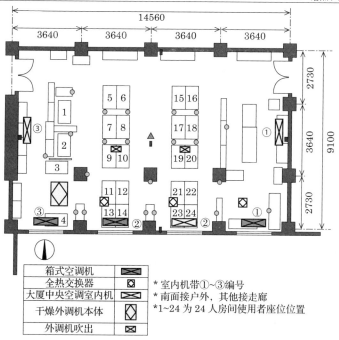

图6.20 实测对象室平面图

表6.5 室内环境测定项目

图例	测定项目	测定位置
●	平面温湿度分布	21点（FL+0.8m）
▲	垂直温湿度分布	4点（FL+0.65、1.35、2.05、2.75m）
▮	地面、顶棚、墙面湿度	地面、顶棚、室中央各1点，墙面各1点

示了部分实测数据。另外，**表6.6**所示为实测的日程和机器组成。

　　表6.6中的模式A指箱式空调与全热交换器运转的模式；模式B指大厦中央空调与全热交换器运转的模式，但这里的大厦中央空调按潜热、显热都可以处理设置（标准规格）；模式C指干燥外调机与大厦中央空调运转的模式，这里大厦中央空调的设置是高显热规格（提高冷媒蒸发温度，加大显热处理比例的设置）。只有模式C才是潜热、显热分离的系统。

　　图6.21是把实测期间内每30分钟室内平均温湿度与户外温湿度在空气线图上做成的标图。（a）为模式A和模式B，（b）为模式C的时候。粗框围起来的部分是按大厦管理法划定的室内环境基准范围。

　　图6.22是各种模式代表日的空调机吹出温度。从**图6.22**可以看出，模式A和模式B的吹出温度平均下降10℃，可见模式A也有吹出4～5℃这一非常冷的空气的情况。**图6.21**（a）中，模式A和模式B的除湿量较大，可见室内湿度下降到大厦管理法基准范围以内有一个时间过程。夏季除湿是营造舒适环境的重要因素，模式A及模式B时的低

第2编 既有楼房的节能改造与实践

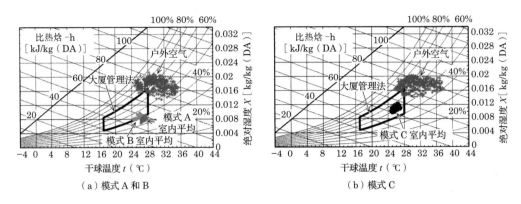

图6.21 实测期间室内平均温湿度

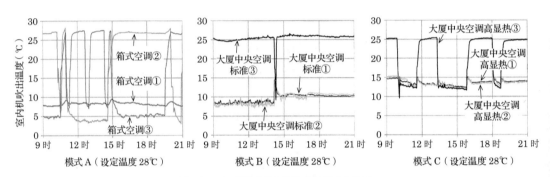

图6.22 各种模式代表日的室内机吹出温度

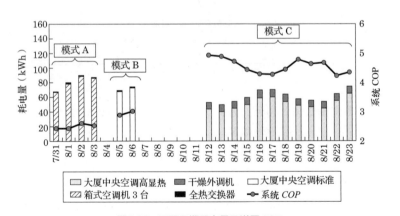

图6.23 不同日期用电量及详图COP

表6.6 实测日程及机器构成

天	机器构成	温度设定	期间
A	箱式空调机+全热交换器	28℃	7/31~8/3（4d）
B	大厦中央空调（标准规格）+全热交换器	28℃	8/5~8/6（2d）
C	大厦中央空调（高显热规格）+干燥外调机	28℃	8/12~8/23（12d）

* 只有模式C是潜热、显热分离的系统

湿环境很大程度上是吹出温度过低所致，实际上房间使用者已提出过"风令人不舒服"的意见。模式A及模式B的实测时间短，就是因为出现了这些抱怨不舒服的人。对于模式C，**图6.22**显示吹出温度在13.5℃左右，与其他两种模式相比温度有所上升。另外，**图6.21**（b）中，模式C时的室内环境经常处于大厦管理法的基准范围内，房间使用者有关不舒服的议论一次都没有。潜热、显热分离空调对湿度控制和吹出空气温度的上升，确实从舒适性方面做出了很大贡献。

下面是关于节能性，**图6.23**是实测期间不同日期各空调机的耗电量，以及在实测值算出的各机器处理热量的基础上推导出的系统*COP*。通过耗电量平均值的比较得知，模式C比模式A削减25%，比模式B削减15%，而系统*COP*也有明显提高。与全热交换器相比，干燥外调机的用电量有所增加，空气调节侧经过显热处理成为特例，作为系统整体达到节能状态。由此可知，实际上潜热、显热分离空调已经实现了节能性与舒适性两者的兼顾，期待潜热、显热分离空调会有进一步发展和普及。

【文　献】

1）財団法人ヒートポンプ・蓄熱センター低温排熱利用機器調査研究会：デシカント空調システム－究極の調湿システムを目指して－，日本工業出版（2006）

后记　公益讲座到此结束

历时7年"建筑环境能源规划学·公益讲座"的前半部分以前特任准教授（有指定任期的副教授译注）为主，研究有关住宅的环境能源，后半部分由我作为特任准教授主要担任商用建筑的环境能源方面的研究。

主要成果请阅读以全球变暖为序的本书，讲述的相关课题，有住宅方面的案例研究，能源消费实态，自然能源的有效利用，有关主要机器的研究，有关保温、气密性的研究，温热环境相关话题的提供等广泛范围。

与商用建筑相关的主要是占其中大部分的既有建筑物，以其为焦点，系统研究了节能与CO_2减排改造及其实践。首先是能源消费实态以及对实态的分析，对能源消费数据库的考察，实态调查的各种手法，改造工程的认证，建筑门窗节能与CO_2减排的对策，实态调查的实施及改造方法的立案，分体式热源设备的实态调查和室内环境及能源消费的规范化，东京大学各种节能与CO_2减排的实践（TSCP东京大学可持续校园工程），新技术的持续研发。

看完这些，你会发现研究的主题离不开建筑环境与能源。这里所提到的环境，往大里说是地球环境、地域环境，往小里说是室内居住环境。有关能源主要是以电能为主体的能源合理使用，所谓电能的合理使用即节能与负荷均衡化，也就是尽可能以较少的能源（kWh），实现更好的环境，同时还可以在较短时间（一般30min左右）内压缩用电量（kW），力争实现平缓的使用状况是最终目的。

为此，第一，提高建筑物性能；第二，尽量采用高效机器、系统；第三，必须持续做好适宜的维护保养。漏译在自然能源的利用方面进一步努力推广自然换气、白天光照的直接利用以及太阳能发电、太阳能集热等间接利用，总之，做建筑物、设备的规划时都要适当给予考虑。经过这一系列的系统研究，"建筑环境能源规划学"的初衷才得以成立。

通过本书执笔者一览可清楚了解他们之间的关联。当然各项研究中，不仅有来自学生、科研机构、设计施工单位、厂家、建筑物及设备的管理部门等各方所做的贡献，那些为本公益讲座的设立、运营付出很大努力的各有关方面的密切配合更是毋庸赘言。最后，就以对上面相关各方的至诚感谢作为本文的结束。衷心感谢你们！

柳原隆司

2012年3月

著作权合同登记号：01-2013-8048

图书在版编目（CIP）数据

生态住宅·生态建筑的设计方法与实例/（日）坂本雄三，柳原隆司，前真之编；胡连荣译. — 北京：中国建筑工业出版社，2017.10
（建筑理论·设计译丛）
ISBN 978-7-112-21102-9

Ⅰ. ①生… Ⅱ. ①坂… ②柳… ③前… ④胡…
Ⅲ. ①生态建筑－住宅－建筑设计 Ⅳ.①TU241.91

中国版本图书馆CIP数据核字（2017）第199389号

Original Japanese edition
Eco-jyuutaku, Eco-kenchiku no Kangaekata, Susumekata
Edited by Yuzo Sakamoto, Ryuji Yanagihara, Masayuki Mae
Copyright © 2012 by Yuzo Sakamoto, Ryuji Yanagihara, Masayuki Mae
Published by Ohmsha, Ltd.
This Chinese Language edition published by China Architecture & Building Press
Copyright © 2018
All rights reserved
本书由日本欧姆社授权我社独家翻译、出版、发行。

责任编辑：刘文昕　李玲洁
责任校对：李欣慰　芦欣甜

建筑理论·设计译丛

生态住宅·生态建筑的设计方法与实例
[日] 坂本雄三　柳原隆司　前真之　编
胡连荣　译
＊
中国建筑工业出版社出版、发行（北京海淀三里河路9号）
各地新华书店、建筑书店经销
北京锋尚制版有限公司制版
北京市密东印刷有限公司印刷
＊
开本：787×1092毫米　1/16　印张：15½　字数：321千字
2018年1月第一版　2018年1月第一次印刷
定价：59.00元
ISBN 978 - 7 - 112 -21102 - 9
（30750）